独立日

专注独居生活的文化品牌

The Road To The Independence

从独居通往独立

用早餐叫醒自己

III

日出之食

陈宇慧@田螺姑娘 著

生活·讀書·新知三联书店 生活書店出版有限公司

我努力工作是为了吃得更好，而不是生活得更累

勤力擦拭后闪闪发光的生活

看过 Elyn（陈宇慧 @ 田螺姑娘）这么多文章，印象最深的一篇，是她说自己有一间三四平方米的小厨房，操作台面只有一点点，下面还塞着一个洗衣机。过道非常窄，一个人在厨房做菜，另一个人过去就得侧着身子让对方让一让。

她拍了照片，真的非常小，大小刀具吸在墙上的磁铁架上，筷子筒也挂在墙上。但是操作台面收拾得非常干净，简直有一种漫画主人公勤力擦拭后自带闪亮星星的效果。

她的所有菜，都在这间厨房完成。

我认识她是在两年前。当时她非常勤奋地在写公众号，每天都发一篇文章。

同时，她在上班。互联网公司产品经理，朝九晚八。她每天清晨六点半起床，花十五分钟先做先生的早餐，等他出门后自己健身半小时，再做自己的早餐，八点多出门上班。公众号的文章，则是利用午休时间写的。

我很难描述那时我的惊讶:“你是……怎么做到的?”

看当时“田螺姑娘”的文章，作者很明显不是一位居家主妇。但我至少猜她不是那种需要早起打卡的上班族。每一盘早餐，每一碗炒菜，都呈现在如此明亮的氛围里，令人一看就心生好感，很难体会到她背后的压力，以及每天午休时间都要利用起来的忙碌。

Elyn从不自带闪闪发光的完美生活，她所拥有的一切，都像是漫画里的主人公——尽管最终闪亮星星满天飞，但一寸一分都由她勤力擦拭所得。在我遇见她时，她苦恼于每天都发文章，工作量大，但总觉得效果不好。我便为她提供了一段时间的编辑协助，第一步就建议她把文章发布节奏改为一周两三篇，把内容做得更精致。初期的题材，也尽量集中在当时她最受欢迎的早餐领域。“这样会让读者记得你，而且，慢慢她们会记挂你。”我记得当时这么说。

她听进去了，也很努力。有时我觉得她非常用力，像是在房间里走路时磕磕碰碰撞到桌子角的孩子，可能有点疼，但是她并不在意，神情专注地探寻着她想去到的那片天地。有时我也有些郁闷，觉得自己像是她曾经在文章里一语带过的老板，在她心目中，无论她如何努力，我们都会告诉她，还有更需要努力的地方。

偏偏她还觉得我们是对的。

其实在这里，我和Elyn的老板，扮演的都是同一个角色：当你需要非常努力，才能够到你想要的生活，当你觉得怎么做，都无法让自己表现得更好时，你会怎样去面对？

这一些，我都曾经经历过。虽然最终我选择了与Elyn并不相同的解决方案，但我对Elyn天生的、犹如田螺姑娘一般的行动力，始终印象深刻。

你看，生活这么不容易，我们谁都梦想家里能有一个田螺姑娘。我们过完糟糕的一天，坐在地铁上还能碰到大妈来和你找碴吵架，她伶牙俐齿，嗓门洪亮，你当时明明气得要死，但一定只有到当天后半夜才想得出一句精彩的回嘴。拖着疲乏的身体推开家门，却看见窗明几净，灯光温暖，桌上放着三菜一汤。而坐享其成的你，只要心安理得坐下来大吃一顿就好，甚至不用像对《小王子》里的狐狸那样，付出你独特的感情去饲养。

醒醒！生活的剧本从来都不是这么安排的。要不然，你就像Elyn那样，学着从忙乱做起，最终能够井井有条地打理你家的生活，她是一个和你一样想要更美好生活的姑娘，她可以做到，你为什么不可以？要不然，你就继续早上叼着一卷蛋饼去挤地铁好了。毕竟每天早上能多睡半小时，也挺不错的，对吗？

噢，还有一种选择：好好对你妈，尤其在她喊你回家吃饭的时候。

真的，哪里有什么天上掉下来的田螺姑娘，Elyn 所拥有的，只是一颗想要让生活过得更好的心罢了。

永远雀跃，永远让人心生羡慕。

闻佳 “艾格吃饱了”作者，媒体人

二〇一六年五月于北京

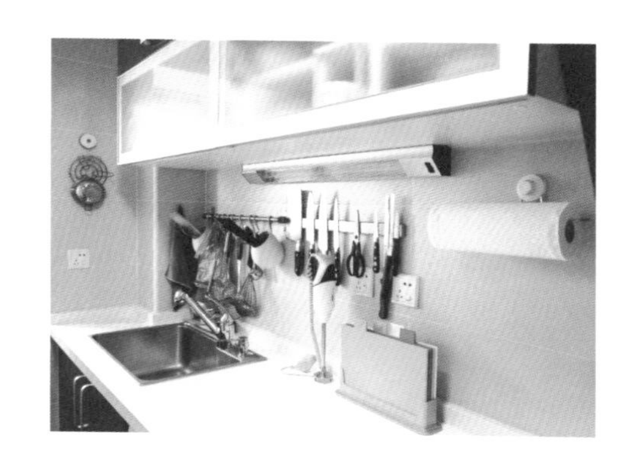

自序：两年前，我觉得早上做什么都来不及

我是一个每天自己在家做早餐的人，已经坚持了两年多，但我周围的大部分人可能和我的习惯不同。

某天中午在公司的茶水间吃午餐，看到某外卖O2O（Online To Offline，线上到线下）产品做线下推广，“13元管一周早餐”，围了一圈人在扫二维码。呃，所以除了午餐和晚餐之外，我最看重的早餐也要被主打快速、方便、省事的外卖侵占了吗？外卖虽好，但在我看来，那可能离我们理想的早餐相去甚远。

两三年之前，我的工作还不太忙，每天会睡到八点多再匆匆起床、洗漱、上班。早餐嘛，出门之后找些烧饼、包子来解决。我经常会在恶劣的天气里排长队，只为一杯热豆浆；也有起晚了不得不饿着肚子打车去公司的时候；如果再碰上当天的工作不太顺利的话，那简直就是不能更糟的一天了。

那个时候我已经开始下厨，并且厨艺得到认可，但是只有周末和平日的晚餐时间可供发挥。早上能做什么呢？感觉不管做什么都来不及啊。

再接下来，就是一个正常上班族会经历的职业发展阶段了。工作变得越来越忙，晚上加班是常事儿；每天三餐都在外面吃一些重油重盐的东西，弄得肠胃很不舒服；如果在家乡城市工作，可以一家人一起吃晚餐顺便聊聊天，而现在很难实现；连带着我的脾气也变得越来越急躁，觉得工作和生活的压力都很大，似乎完全没有缓解的渠道——有时候甚至会特别盼望在地铁上独处的时间，发会儿呆都觉得很放松。

这是任何人都不会喜欢的生活节奏。

于是我开始尝试在家做早餐。

最初是利用晚上回家之后或周末的时间做点简单的烘焙，

起床之后可以吃一些蛋糕、饼干和水果。这样起床之后的准备时间够短，吃起来也方便，吃饭的十分钟也足够和我先生聊聊天。美中不足的是，早上吃甜品总觉得有点甜腻，吃不了多少就饱了，但没到中午又饿了。

之后我稍微调整了一下作息，趁着夏天不赖床，早半个小时起床吧，现做现吃试试看！

那么，做点什么好呢？有时候想吃点带汤水的，那就煮个汤粉，上面加点现炒的酸辣鸡胗；有时候天气太热胃口不好，来一个清清淡淡的鸡蛋火腿三明治。前一天晚上的剩菜、周末囤在冰箱的各色蔬菜和肉类、下班回家在路边小摊买的新鲜时蔬、电商网站买的进口食材，每天我都在填冰箱，然后规划一下第二天可以做点什么新鲜、不重样又快手（迅捷、高效）的早餐。

怀抱着对第二天早餐的憧憬，每个晚上都很期待明天的到来。

为了早起，每天晚上我都会强迫自己早睡，从晚上十一点睡到早上六点，看起来似乎和一点睡到八点是差不多的，可是精神头完全不一样。而且早起一会儿，一天的时间都变长了很多，除了做早餐之外，我甚至还经常有时间简单做两组器械健身。

精神更好、工作效率更高，甚至连皮肤都变得比较好，更别说吃得舒服这种基本追求的达成了。这都是早起吃早餐带给我的福利呀！

我也会在吃早餐的时候顺便发一条微博，就跟很多人把外食的菜式发出来一样。不过一开始我的出发点会稍微“虚荣”一点——看，我的早餐是这样，吃得很舒服哦！

因为每天都发，而且基本上每天的早餐都不重样，“看起来”（实际上也是）又很不费事儿，慢慢地有很多人问我早餐是怎么做的，以及一些时间管理技巧。

> 这个菜是怎么做的？
>
> 这个菜难道不需要两个小时吗？为什么你早上八点就能吃上？
>
> 你是不是全职主妇，或者四五点就起床？
>
> …………

我开始写一个叫作“田螺姑娘 hhhaze”（微信号：tianluo_hhhaze）的微信公众号，把我做的菜都记录下来。推送内容有五分钟的快手早餐，有适合周末 brunch（早午餐）的美味，也有可以提前做好储备、随时取用的干粮，再穿插一些实用厨具、厨房时间管理技巧的介绍，这些文章的受欢迎度远超我的想象！

当看到有读者说“看到你的早餐推送真是专治起床气”，或者说“关注你之后爱上了自己做早餐的感觉”，我就觉得心里很暖。我想其实我做的不只是一个公众号，而是传达了一些我在乎的生活态度吧，这也是我写作此书的初衷。

大都市的上班族因为上班距离远、工作忙，午餐、晚餐对付过去实在是无奈之举。但是对于早餐，我们真的可以试试自己做，那种可以独立掌控生活的幸福感远超多睡五分钟或“一周 13 元”。清晨坐在餐桌前吃一些自己准备好的哪怕是非常简单的东西，也会有一种正式开启一天的仪式感。

陈宇慧 @ 田螺姑娘

二〇一六年三月于北京

目 录

你的理想厨房还缺什么

五分钟唤醒元气生活

吃过那么多美味，才觉得最好吃的永远是家常味

“洋气”的早晨需要异国风味

V 洒满阳光的周末 brunch

VI 家中常备一点存粮

VII 置办一桌家常宴客菜

你的理想厨房还缺什么？

我不算是一个极端的厨房工具控，但是因为有一种类似“学习化妆之前要把所有的化妆品都置办齐全”的感觉，一开始做饭的时候，还会有一种“这个菜我做不好一定是因为我的锅／碗／瓢／盆不好用”的错觉，因而买了不少各种各样的小工具。

一开始买得颇不冷静，不管三七二十一，买了再说，也不确定自己是不是真的用得上。对，化妆品置办齐全了之后我也没真的化妆。但是不买齐我是无法鼓起勇气开始化妆的，女生们感受一下，就这个意思。化妆也好，做饭也好，先置办新的工具，就像是一种宣告新生活开始的仪式。

好在买得多、用得多了，也多多少少总结出一些心得。后来碰到有人问一些看起来很像的厨房工具到底哪个好用的时候，简直回答得底气满满，而且每次心里都难免有些得意：“看我研究得多么清楚！”所以在这本书开始之前，我先介绍一些厨房小工具，你可以根据需要来添置，或许能帮你少走一些弯路呢。

一口尺寸适当的平底锅

在做早餐的时候，平底煎锅的使用频率可能比炒锅、汤锅都要高呢。煎个鸡蛋、煎两片培根、烘两片吐司，都非常好用。是的，加热吐司其实也不一定需要烤箱或者吐司机，煎锅里加点橄榄油烧热，完全可以胜任。

我家现在常用的煎锅有这么几种：一口直径 28 厘米的深底不粘平底锅，一口大概 20 厘米的不锈钢浅底锅，和一口 16 厘米的铸铁片手锅。为什么有这么多不同的尺寸？还有些深有些浅？不粘锅到底是不是必需的？

我建议先想想自己家有几个人，这口煎锅主要用来做什么，再决定买什么样的。因为所有的锅，空烧的时候是最容易损耗的，那么如果只是煎两个鸡蛋，就不需要买太大的煎锅，20 厘米的完全够用了。同样的，如果主要是用来早餐煎鸡蛋、

煎培根、烘吐司等，不粘锅确实更好上手。但是也要注意，不粘锅尤其不要空烧和长时间高温操作，容易造成涂层脱落，因此使用的时候食材最好能铺满锅底。如果涂层已经有损失，那我建议还是扔掉吧。

尺寸比较大、边缘比较深的煎锅，可以用来先煎后烧，也可以代替炒锅来炒面或米粉。还可以用来同时煎好几样东西，早餐的鸡蛋、香肠、培根，一锅搞定。至于铸铁片手锅，我主要是喜欢它可以直接端上桌，是厨具，也是漂亮的小餐具。

 让你吃到热乎三明治的多功能早餐机

市面上很多品牌，包括 Kenwood（建伍）、松下、Cuisinart（美膳雅）等都会推出多用的三明治机，或者叫早餐机。使用时，通上电源，预热到需要的温度，把三明治包好后放进去热压一下，就会非常美味。大部分机器还能换模具，一般会有三明治模具、华夫饼模具、鲷鱼烧模具和烧烤的条纹模具，用烧烤模具就可以做出帕尼尼的效果。也有一些用在煤气灶上的帕尼尼工具，但是我觉得用电加热，食物受热会比较均匀，能更换模具，适用范围会更广，这个想法供你参考。

我用的早餐机是建伍品牌的，购于淘宝。我最喜欢的模具是烧烤的条纹模具，基本上不管是什么类型的面包都可以夹得稳稳的，而且烤完之后，面包表面会有非常漂亮的条纹烤痕，也是一种很美的装饰呢，你在《香蕉巧克力帕尼尼给你能量》

这篇中就可以看到。至于三角形的三明治模具，反倒觉得有点不够实用。模具夹紧之后馅料很容易被挤出来，满足不了我这种喜欢使劲儿往三明治里塞东西的贪心人。

模具本身一般是不粘的，所以食物烤出来不会有烤焦的感觉，但是如果你想让食物的烤痕颜色更深一些，可以在模具上再稍微刷一层油。有时候食物的卖相就是差这么一点，不是吗？有一点颜色的烤痕，看上去才有一种“火候到位了”的感觉。

堪称现代厨房必备品的手持料理棒

第一次见到这样的厨房工具，是在国外的美食节目视频里。厨师直接拿着一根手持料理棒在一大锅浓汤里面大幅度地搅动，汤里的食材被搅得细碎，汤倒是稳当当的，没怎么飞溅出来。也就一两分钟，原本汤是汤、料是料的一大锅，就变成了看起来滋味极其浓厚的一锅蔬菜浓汤。当时觉得好神奇呀，看起来简直是一件神器，随时随地可搅拌。

后来试用了好几个不同的手持料理棒之后，算是把这个工具弄明白一点了。它并不是打浓汤专用，更不是西餐专用，只要使用得当，就是一种可用空间非常大的厨房工具。我前前后后用过三四个不同品牌的手持料理棒，发现选择手持料理棒时主要看功率，如果能同时做到刀头容易插拔、好清洗，那简直就是完美了。

我现在使用的品牌是“Bamix”（博美滋），功率够大，配备不同的刀头之后，打碎各种食材都不在话下，可以打浓汤，给抹茶拿铁打个奶泡也非常好用。就算只是早餐，手持料理棒也大有可为。尤其是对热爱西式早餐的人来说，不管是浓汤、抹茶拿铁、沙拉酱，一根料理棒简直指哪打哪。用完了把刀头一拔，用洗碗布一擦，完全不耽误上班。

这是一杯用手持料理棒打出奶泡的抹茶拿铁，虽然因为早上赶时间而只打了几十秒，泡沫依旧算得上细腻。

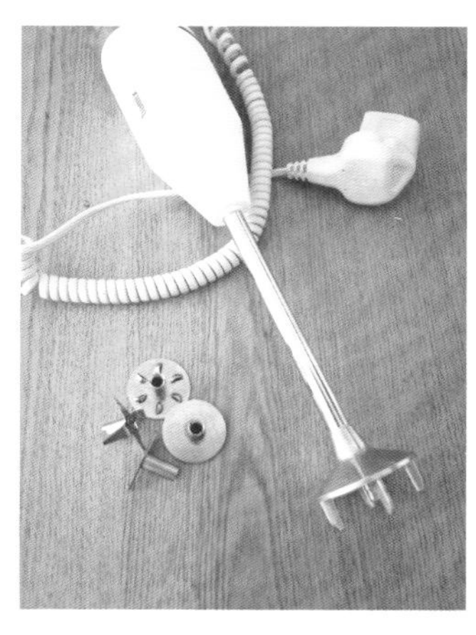

 各司其职的厨房小工具

我家有好几把大大小小的笊篱或筛网，在厨房的墙壁上挂了半排。有时候觉得筛网这种形式的小工具非常玄妙，总是可以轻易地把需要和不需要的食材分离开来。但是生活中要把此事和彼事分开就不那么容易了，把工作和生活分开不容易，把对人和对事的评价分开也不容易。

笊篱或筛网分离得干净与否，完全看你的使用力度。有一次在日本街头吃拉面，煮拉面的小哥用我见过的最大身体摆动幅度使劲地甩那只盛了拉面的笊篱，只是为了把拉面上多余的水分尽可能地甩干，避免影响拉面的味道。那碗拉面虽然不是出自什么名店连锁，但确实是我记忆中非常美味的一碗，汤底就是汤底，而不是有面糊味儿的汤底。

对于大部分人来说，我建议笊篱必备，筛网备上一把孔

比较细的就可以了。除了过滤和分离作用之外，筛网还可以用来把一些不易溶解的块状酱料（比如味噌酱）煮到汤底里，你可以在《韩式辣白菜拉面》里看到，非常好用。

还有一些零零碎碎的小工具，可以一并介绍。

下页图中，最左一把是刨丝器，还有一些孔更细的。很多人大概已经有了，刨个蔬菜丝、蔬菜片什么的都可以用它。我的用法还有些不同，我喜欢用它来刨硬质奶酪碎，擦柠檬皮或

橙皮屑，或者把肉豆蔻之类的香料在上面略略研磨。这些食材可以搭配不同的菜式，在上桌之前撒上一点，非常“点睛”。

打蛋器和压土豆泥的工具无须多介绍，都算是比较常见的工具。打蛋器用来往鸡蛋液里打入充足的空气让蛋液更蓬松，后者则可以把煮熟的土豆、芋头、红薯碾压成泥状。菜市场的杂货铺、宜家等等都能买到，好用不贵。

木质锅铲和硅胶刮刀，也建议家里备上一个。木制锅铲专用于不粘锅，不损坏涂层。硅胶刮刀适合搅拌各种液体，也不惧怕高温。选购的时候可以买那种边缘稍微有些弧度的，在搅拌的时候更得心应手。

还有两个不得不提的不锈钢小盆，在所有篇章中只要提到“隔水加热”四个字，都是用的这种工具。一般需要隔水加热的食材，都是怕温度上升太快导致过火甚至焦煳。比如用打散的蛋黄和白砂糖加热制作荷兰酱（在《没有班尼迪克蛋，就不是完整的brunch》一篇中可以看到），如果蛋液的温度太高，尤其是容器直接接触热源，蛋黄很容易被煮熟。这

种情况只能隔水加热，用一个有宽阔边缘的小型不锈钢盆实在是再合适不过。至于有手柄和搭扣、尺寸更小的那个，可以用来加热更少量的液体，直接搭在水锅上，完全不占手。

厨房是“战场”，也是“修炼场”，你会需要添置一些小工具作为“武器”。而厨房小工具和武器还有一个最大的共同点，就是必须要“称手”（使用时得心应手）。合适的工具处理对应的食材，在同类工具中选择更好用的一个，是我的基本原则之一。不过每一类工具也不需要多买，先买一个试试看，不好用或者真的不够用的时候，再考虑更新换代不迟。

各位厨房新鲜人，在准备下厨之前可以先想想：“我做这道菜的时候，会需要准备哪些烹饪工具呢？”从“买买买”开始你的厨房之旅，也是蛮愉快的吧！

五分钟唤醒元气生活

II

我觉得做早餐不应该是一件困难的事情。如果要在早餐时做太复杂的菜式，然后再绞尽脑汁摆个造型，架个灯光，用单反来认真地拍上许多照片，这需要提前一两个小时起床。虽然发发朋友圈晒成果的效果会很好，可是实在是很难长期坚持下去，毕竟朋友圈的赞也没法当饭吃。

我的原则是工作日的早餐要尽量精简，最好可以提前一晚准备食材，真的不想一大早就把自己折腾得太累。另外最好是少一些爆炒的菜式，免得顶着油烟味太重的头发出门上班。拍照什么的，卡片机或者手机就足够胜任了，照片是生活的记录，但是不要为记录所累。

省事儿又好吃的早餐简直是第一生产力，让我们从五分钟就能做好的快手早餐开始吧！

五分钟基础三明治

原料：

面包两片、新鲜生菜两大片、番茄两片、培根三片这是最适合工作日的五分钟三明治，它有个专门的名字，叫 BLT，即 bacon（培根）、lettuce（生菜）和 tomato（番茄）。基础又经典，百吃不腻。而且作为工作日的早餐，五分钟就能做好。我把最简单的一款五分钟早餐作为这本书的第一道菜，希望你在看完之后有一种“啊，好像很容易呢！”的感觉。这里除了基础的做法介绍之外，还想告诉你一些我做三明治的小心得。

面包的话，最容易买到和操作的品种应该是吐司，原味的白吐司或者健康的全麦吐司都可以拿来搭配，选横截面大一点的吐司会更好夹馅儿。如果喜欢谷物风味浓郁的，也可以试试欧包（欧式面包）或者现在比较流行的软欧——BLT 应该是最不限制面包种类的三明治了，一切以方便购买为第一原则。

至于蔬菜，我的首选是罗马生菜，味道清甜。但是这个可能在进口超市或菜市场才能买到。如果还是考虑购买方便的话，可以选择球形生菜。培根我就买各个品牌的瘦肉培根，比普通的美式培根要健康一点。培根要三片，层叠的肉吃起来满足感更强。这款三明治倒是不太需要调味品，培根的咸味差不多也够了。不过我的口味清淡，你要是觉得味道不够的话，可以稍微加一点蛋黄酱，或者其他常备的沙拉酱。

你会发现我一直在讲“方便”这件事，做早餐本来就不应该把自己折腾得太累，生活也是。想要追求一种舒服的生活状态，最重要的还是顺着自己本身就习惯的生活节奏和审美方式来做。

比如说，这两年国内的美食摄影开始流行欧美静物风，破旧的、有大裂缝的木板突然成了抢手货，买不到的恨不得把家里房门砍上一刀，再想方设法搭配一些旧的银器、铜器。其实，大裂缝木板和自家装潢、餐桌的式样可能都不搭。我有时候想，为了拍摄一张静物美食照，先把食物搬到木板上，架起单反拍完了之后再把食物搬回餐桌上来吃，这又何必呢？一点都不方便嘛。

而我们简单方便又好吃的BLT，就是两片面包各抹上蛋黄酱，把蔬菜培根都夹在面包里面当馅儿，合起来，就可以开吃了！是的，就是这么简单，读者看到这段文字会怀疑我在骗字数吧……

其实还有一些操作细节：生菜尽量压平，把生菜梗转弯处有弧度的地方（能明白我描述的是什么地方吧？）折断一下，这样生菜会更平整，咬起来更方便。培根一定要煎，不煎到肥肉部分变得焦香透明的培根就不是好培根，会腻，也不够香。

因为这款三明治没有用任何酱料，所以面包和馅料的黏合度会差一点。我的办法是用一根牙签或者其他的物品插进去固定，比如图片上的迷迭香枝。很好用！迷迭香的香气会渗透到面包片里面哦，简单的三明治都显得不那么单调了呢。这种简单食物中的小巧思我挺喜欢的，有“点亮”一餐的感觉。

我有时候会在三明治里面再加一些料，比如芝士片或者煎鸡蛋，也很好吃。因为基础的培根、生菜、番茄实在是很难和其他原料冲突，只要加得不太过分都挺搭的。

喏，就是这么简单基础的五分钟三明治。

 BLT只是入门，三明治可以更丰盛

三明治算是我最爱的早餐之一。但是我跟别人说这句话的时候，经常会被回以一种怜悯的眼神……大概彼此内心会想："什么？三明治有什么好吃的？""干吗那种眼神看着我，三明治就是很好吃啊！"

大概很多人印象中的三明治就是"冷冰冰""火腿鸡蛋两片生菜""味道浓重抢镜的沙拉酱"之类的概念组合。其实不是啊，三明治可以很好吃啊！BLT看起来确实很普通，但是内容物丰富的三明治其实是很多的。把吐司包上满满的馅料，叠出稳稳当当的好多层，然后"啊呜"一大口咬下去，特别满足！

至于你说要怎么样才能在三明治里包更多馅料呢……

主要的秘诀就是：码好你喜欢的所有材料之后，用保鲜膜把三明治包起来，包的时候要有一个“拉紧”的动作。把面包和食材稍微压一压，压出多余的空气，三明治厚度变成原先的一半。

然后盖上一个重物——比如铸铁锅的盖子——继续压两三分钟，让食材、面包结合得更紧密。最后用一把很快的刀果断地切下去，切的时候不要犹豫拉锯，就直接一刀！嗯！给它个痛快。

切面应该是比较整齐的，食材之间没有太大空隙。这个厚度吃起来过瘾，又不会觉得张嘴太费劲，只想说“啊呜”一口咬下好多材料，混合蔬菜的、鸡蛋的、酱料的味道，好丰盛，好好吃。

我有时候带自己做的简餐去公司当午餐，就会选择这款厚厚的三明治，因为外卖都太油腻了，中式的便当做起来又难免比较费时间，而它早上五分钟就包好，成本低廉、内容物丰富，无论是性价比、好吃程度还是健康程度，每个方面都很满意。

百变风味的小土豆

原料：

小土豆、黄油、盐

原料展开说

- 迷你小土豆约 250 克
- 盐一茶匙 + 一小撮
- 现磨黑胡椒少许
- 百里香五六根
- 无盐黄油一块约 20 克

半截指头大小的小土豆，是特别讨人喜欢的春季应季食材，我最喜欢的做法是保留它的皮，煎到焦焦的，稍微加一点简单的调味就很棒了。而且土豆处理起来也很方便，煮上一大锅备用，早上花三分钟来煎热，就是很好的主食。

至于调味什么的，小土豆本身清淡似白纸，风味可以很百变。我用西式风味的来做范例，用简单的海盐、黑胡椒和橱柜里存的一些干香草来搭配。喜欢中式风味的可以用一点盐、孜然、辣椒来调味，也很棒，小土豆就是这么百搭又好吃的食材。

春天能买到的小土豆更新鲜，个头也更小，半个大拇指大小，直径 2 厘米左右。快到夏天时，大概就只能买到一种直径 3 厘米的了。两种都能用，只是会影响烹饪的时间。其实普通的大颗土豆也能用，选质地比较面的那种切成块就可以，不过风味会差一点，因为切开之后就没有土豆皮了，焦香的口感有一大半在土豆皮上呢。有时候想想各种食材的皮也是很神奇的，比如我在家烤肉的时候，经常会扔一头大蒜进去，有没有蒜皮风味也不一样，带皮烤的蒜特别香。去皮的土豆容易散也容易粘锅，口感和风味还是会受影响。

我有健身的习惯，晚上一般都吃得很清淡，也不常做太过饱腹的东西。本来回家就晚，还是希望不要撑着肚皮睡觉。矛盾的地方在于家属（我老公）是张家口人，非常热爱土豆！越面的越喜欢。只是我觉得土豆淀粉好多，晚上吃好像很容易长胖的样子。所以我只能想办法在早上给他做点爱吃的东西咯，好吃的菜都是这么被逼出来的。

要想早上 5 分钟就能吃上早餐，提前一晚做点准备还是有必要的。在前一天晚上要煮好土豆：凉水加一茶匙盐，放入洗净的小土豆一起煮沸，然后调小火煮大概 15 分钟，小土豆煮好的标准是可以用筷子或牙签轻易戳过（为了卖相考虑，我一般用牙签来试）。

这个步骤当然没法让小土豆的咸淡完全合适，仍然需要

往水里加盐，稍微让土豆的内心咸一点。如果加盐这个步骤全部留在最后的话，很容易发生表皮过咸但咬开没味儿的情况。另外如果你用的土豆个头比较大，时间可能需要延长一点，标准还是用牙签来决定，而不是我写的时间。

煮好的小土豆，用大拇指根部把它压扁，按成后有点像玛格丽塔小饼干的样子。不要用力过度，否则煮透了的小土豆容易碎掉。然后可以盖上保鲜膜放冰箱冷藏。如果你吃不腻的话，不妨一次多煮一点，换不同的调味品吃上几天，很省事儿。

第二天早上起床之后，煎锅里融化黄油，注意火力不要太大以免黄油被烧焦。然后放入小土豆，保持小火，两面煎到焦黄，捏上一小撮盐均匀撒上一层，再加点黑胡椒和百里香叶子来调味就可以了。

从图片应该很容易看出煎到什么样子才到位吧？没把握的话，多翻动几次也没问题的。

这就做好了，是不是特别容易？

如果没有黄油，或者担心热量太高，也可以用普通的植物油。但是肯定就没那么香了，土豆 + 黄油、土豆 + 鸭油都是绝配，就是淀粉和动物脂肪结合的那种罪恶感。

不过要注意的是，黄油很容易煳，在融化黄油的时候不要加热过度，多晃动一下煎锅，离火，利用锅的余温让黄油彻底融化。煎的时候保持中小火比较好，同样也可以采用经常离火的手法来避免黄油温度太高。

香蕉巧克力帕尼尼给你能量

原料：

吐司、香蕉、黑巧克力

原料展开说

- 白吐司或牛奶吐司两片
- 小个头的香蕉一根
- 可可脂含量在 60% 以上的黑巧克力约 20 克
- 刷模具用的橄榄油少许
- 可以加一些自己喜欢的软质奶酪，没有也没关系

用巧克力、香蕉和吐司做个简单的搭配，五分钟时间做一份能量早餐。

搭配这份早餐的时候，我有一些小私心。有时候工作太忙或者心情不好，总想吃一些能够刺激多巴胺分泌的食物，巧克力实在是个好选择。我真的非常喜欢巧克力，我家用作烘焙原料的巧克力最后都被我吃掉了这种事我是不会说的。为了避免吃巧克力吃得停不下来，过后又悔恨摄入太多热量（我常干这种事儿），一定要坚决地把它放到早餐里，这样还有一整天可以消耗它。

关于巧克力的品牌，我喜欢买的两个牌子是法芙娜和可可百利。都是经典的巧克力原料品牌，法芙娜成本略高，风味也更好，可可百利胜在性价比。现在也有很多烘焙店

有分装的小包装出售，不妨去网上找找。我最喜欢买的是可可脂含量在 60% 以上的各种黑巧克力，当零食吃也没罪恶感。（喂，不是在说烘焙原料吗！）一定要用高浓度的黑巧克力！

香蕉嘛，平时吃不觉得，但只要和有点甜度的东西搭配，比如牛奶、巧克力，就特别容易觉得齁……吐司当然可以选其他口味啦，但是你看，全麦吐司“画风”不搭，其他的口味又容易和巧克力冲突，还是简单无害的白吐司最好用。

先把香蕉切成大概半厘米的厚片。然后把巧克力切碎，有一点块状没关系，不需要完全切成碎屑。巧克力只要是常温的，基本上用一把比较快的刀就可以搞定了。

把香蕉和巧克力码在一片吐司上，用另外一片吐司盖住。

如果你想加点奶酪的话，可以在这一步加。如果用的是奶酪片，可以先把奶酪片铺在吐司上，再加香蕉和巧克力碎。如果是自己切的奶酪碎，不妨也像巧克力一样撒在吐司上，然后在帕尼尼机器上刷一层薄薄的橄榄油，把三明治压成帕尼尼就好。巧克力会融化成巧克力酱，和软甜的香蕉混合在一起，真是超有满足感。

有帕尼尼机器的，按机器上的说明来操作就可以了。没

WÜSTHOF
CLASSIC

有机器也不怕，有其他解决办法，能量早餐就是不应该有门槛！可以用一个平底煎锅加一个重物（我喜欢用铸铁锅锅盖）来压一下。

不过如果是用煎锅来压，注意煎锅要烧得非常热才好，手掌放在上空能够感觉到热气。这样温度够了，面包就不容易因为被压得太久而失去过多的水分。而且锅够热也不容易粘锅，都不需要放油。三明治放到煎锅上之后，转成最小火，压上重物，每面各煎半分钟左右就可以了。不过比起帕尼尼机器，煎锅做法的缺陷在于需要翻面。馅料里如果没有奶酪的话，香蕉和巧克力可能没法粘住吐司片，在翻面的时候要小心，不要让它们掉出来。

早晚五分钟，生活大不同

——掌控时间，才能掌握生活

因为被问太多次“是不是全职主妇？”这样的问题，所以把微博签名档改成了：“我要上班的，上班时间还很长！”

有时候蛮想念小时候上学能中午回家吃饭的日子，上完上午的四节课后溜达十五分钟到家，吃过午饭、睡个午觉再去学校过个半天。下午放学也是一样，五六点就能到家，七点钟就已经吃完饭在看电视了。

上班之后就没有这样的好日子咯，七点下班八点多到家是常态，加班到半夜的时候就更不用说了，午餐晚餐统统在公司解决，只有早餐可以和家里人一起吃，虽然时间有点匆忙，不过多少可以聊几句。

坚持每天起床做早餐也算是和这种生活状态的一个小小对抗，希望在忙碌的工作之余，还能保持一些自己的节奏。

那么为了能多睡一会儿，早餐当然越快手越好啦，各种五分钟早餐是我最爱实践的。为了让早餐做得更快，有时候会在前一天晚上做些准备，比如熬个汤早上用来当米粉的汤底；切一些不太容易被氧化的菜，早上可以直接用；提前煮个土豆、玉米、红薯什么的，早上热一热就可以直接吃。

这是我某天晚上为第二天早餐做的准备：面包拿出来解冻备用；口蘑切片、芝士事先磨好、玉米煮好切成小粒，统统盖上保鲜膜放冰箱冷藏；香肠从冷冻柜拿出来，盖保鲜膜

放冷藏柜，有一晚上时间让它解冻。

提前做准备怎么能叫赖皮呢？早餐确实就是五分钟做好的呀。是的，前一天晚上的准备和第二天刷碗的时间我都没算，可是这些又不“犯规”，不能总想着有那么多不花时间就有成果的好事儿吧。早晚多花几分钟，就能给自己做一顿丰盛又营养的早餐，这才是“日出之食”的正确打开方式。

让早餐面包不再单调的神奇抹酱

原料：

奶油芝士约50克、葡萄干约18克、

朗姆酒少许

这个好吃的芝士抹酱可以搭配绝大多数无馅儿面包，抹在面包上能够完美突出诱人奶香，而抹酱中的其他配料又让口感清新不腻人。有了这款抹酱，早餐就算只有单调的面包，也能变出很多小花样。而我喜欢这款抹酱的理由，除了好吃之外，“分分钟就能做好”也是重要的原因。

如果说它的浓郁程度是六分，细腻程度是八分，心理满足程度绝对够十分。而快手程度，简直说是十二分都不为过呀。

原材料的比例完全看你喜好，要是特别喜欢奶油芝士的浓郁黏稠感，那么多放一些也没关系。我自己觉得比较恰当的比例是奶油芝士和葡萄干 3:1，这样吃到后面也不容易觉得腻。

葡萄干需要用朗姆酒浸泡 15~30 分钟，然后沥干。这个可以提前一晚准备，泡好之后放到筛网里，让它自己在厨房沥干吧。奶油芝士也需要提前一晚从冰箱里拿出来，在常温中放置让它回软。放置的时候要注意用保鲜膜盖好，否则容易变干。

早上吃之前，把软化的奶油芝士，沥干的葡萄干，以及大概一汤匙用来浸泡葡萄干的朗姆酒一起拌匀。

然后就用这个抹酱来抹各种面包。奶油芝士向来和贝果

是绝配，因为贝果质地相对略干，口感比较有韧性、有嚼头。不过我觉得它其实和各种无馅儿面包都挺搭的，欧包、软欧、吐司，都可以抹来试试看。

奶油芝士也是让人有罪恶感的东西，做抹酱什么的，不建议一次做太多。因为我们家餐桌上经常出现各种芝士，跟家属一起吃早餐的时候，他会问我："这种芝士热量高吗？"我统统都回答："还好，可以补充蛋白质和钙。"希望这样他能多吃几口，而我可以控制住自己不要摄入太多。想吃又不敢吃太多的这种心态，一定不是只有我有吧！

所以呀，奶油芝士这一类的，一定要买小包装！不光是

TODAYS

出于对热量的考虑，它本身也很不好保存，放在冰箱冷藏也只能保存三四周。

五分钟抹酱还有另外一个配方供你参考，换不同的坚果和水果干，就可以随意发挥啦。

- 奶油芝士约 50 克
- 烘焙榛子碎，或腰果碎，或开心果碎，或随便什么坚果碎都可以，约 8 克
- 浸泡沥干的蔓越莓干约 10 克
- 枫糖浆一汤匙

有满满拉丝奶酪的掉渣脆饼

原料：

墨西哥卷饼、鸡蛋、马苏里拉奶酪、生火腿、口蘑

原料展开说

（可以做两种口味的两人份）

- 墨西哥卷饼饼皮两张
- 鸡蛋两个
- 马苏里拉奶酪碎适量，多撒一点吃起来过瘾
- 意大利生火腿一片
- 口蘑两颗，切成薄片
- 盐和现磨黑胡椒少许

这是“面食无能星人”（不会做面食的人）也完全不需要担心的一款快手饼，用的是市售的现成墨西哥饼皮，也有非常健康的全麦口味可以选择，一般早上用饼皮随便卷点蔬菜就是一份早餐。

不过我没有用通常的卷饼做法，而是改成用煎锅烘——这么做的饼皮口感更酥脆好吃——再用鸡蛋、奶酪、火腿或者口蘑片当馅料，把鸡蛋烘到半熟，奶酪微微融化到可以拉丝了，一口咬下去超满足。

墨西哥卷饼的饼皮平时可以放冰箱冷藏，不过要密封好，不然容易变干。长时间不吃的话也可以冷冻，和所有面食一样，吃之前不需要解冻，简直忍不住想打个标签叫作“所有

的面食都是天然速食品”。

其实 pizza（比萨饼）能搭配什么食材，这个奶酪饼就能配什么。但是饼薄，搭配的东西最好不要太多，免得承载不了。而且我们追求的毕竟还是快嘛，烹饪时间比较短，尽量用容易熟的食材来做更好。我用两个鸡蛋 + 意大利生火腿 + 马苏里拉奶酪碎做了一份，用口蘑 + 马苏里拉奶酪碎做了另外一份。

煎锅里倒少许橄榄油，用刷子刷匀成薄薄一层，然后用厨房纸巾擦掉多余的油。锅底剩余的油的分量，应该是不会流动的。

把煎锅用中火烧得热热的，手掌放上去能够感觉到热气。不粘锅倒也不是必要的，锅烧得够热自然就不粘。而手掌放上去有热气，是我界定的“够热”的标准。手掌放上去烫得放不住了，就是“热得有点过，放什么都会煳”的状态了。嗯，对于书里一些看似很主观的描述，其实也是有小差别的。在追赶时间的厨房操作过程里，当然没有办法用温度计来掐得多么精准，那么就提前有一些概念，并且多多练习，厨房就是一个熟能生巧的地方。

饼皮放入热热的煎锅里，打上鸡蛋，撕碎火腿放进去，撒上马苏里拉奶酪碎，盖上锅盖用中小火慢慢烘大概两分钟。

整个过程保持中小火就好，火太大了饼皮容易煳，火太小了鸡蛋又不容易熟。而盖上锅盖来烘可以让锅里的热气帮助蛋清稍微凝固得快一些，不盖也没有太大问题。烹饪两分钟的效果应该是奶酪软化、蛋清熟透而蛋黄还是半生的状态——我最喜欢的口感。如果你喜欢鸡蛋更熟一点，那么可以分成两步，把鸡蛋烘到半熟，再加入奶酪。

最后把饼皮对折就行。饼皮不柔软了，折叠的时候就会掉渣——这很正常，就是要酥酥脆脆的才好吃。在烹饪的时候，如果看到饼皮冒出大气泡，那就是它两分钟后会变得酥脆的地方，我最喜欢啦。

口蘑芝士口味的脆饼做法也是一样的，不过因为火腿本身自带咸味，不需要调味，换成蘑菇来做就得撒点盐和黑胡椒咯。

说起墨西哥卷饼，我有时候也会将它撕碎之后刷点橄榄油，放到预热 180 摄氏度的烤箱里面烤上十来分钟，就成了可以代替薯片的小零食，而且比薯片健康多啦。

在最忙的那段时间里，我家早上的时间安排大概是这样的：家属和我都是六点半起床，家属先去遛狗，我趁着这几分钟的时间准备他的早餐，他吃完饭七点十分就要出门上班了。之后我再做自己那份，或者简单做两组器械健身，或者写写稿，大概九点出门。如果中午和晚上都在公司吃饭（这对一线城市上班的人来说简直太常见了），接下来的两顿多半油重，也没有足够的蔬菜和蛋白质摄入。以这个生活节奏来说，五分钟早餐真的帮了我不少忙。

好多人看到所谓“说走就走的旅行”和“世界那么大，我想去看看”的辞职信就很兴奋，大概或多或少都有不满意当前生活状态的原因吧。两点一线的忙碌工作当然辛苦，但是自己不找乐子，只有工作没有生活的日子最辛苦。我想，我努力工作是为了生活得更好，而不是生活得更累。五分钟的早餐除了省时间和均衡营养，也多多少少让我有一点“我在认真生活”的状态，这就很好。

吃过那么多美味，才觉得最好吃的永远是家常味

说是“家常”，但好像也不是“家”里“常”做的早餐的意思。

回想了一下小时候家里常吃的早餐是什么样，好像也没什么章法，煮个泡饭（有些地区叫烫饭）是一餐，摊个鸡蛋饼也是一餐，煮一碗米粉也是一餐。这些都很简单省时，并且容易利用家里现有的食材和剩菜，没有过多的调味，吃多了也不腻。

有时候也会出去买早点，从小就不太喜欢油炸的东西，所以会买各种蒸的小面点，配一杯绿豆沙，豆沙要煮得浓稠一点，汤水不分离。或者在街上的牛肉粉店吃一碗“津市红烧牛杂圆粉”（请注意定语），汤底有牛油，入味暖心。

我在长沙长大，在武汉念大学。大学之后没有家庭早餐和熟悉的米粉可以吃，就吃了六年热干面、豆皮和清酒，毕业之后仍然很想念，我觉得这也是我的早餐家常。

嗯，所以熟悉吃不腻的口味应该就算是家常吧。把一些常见又好做的中式家常早餐写出来，希望不管在什么时候，这份早餐都能抚慰你的胃口。

清凉而浓郁的花生酱冷馄饨

原料：

大馄饨、花生酱

原料展开说

- 大馄饨十个
- 柔滑型花生酱一汤匙
- 老抽半汤匙，生抽一汤匙，香醋一汤匙
- 凉白开 50~80 毫升，看你对汤汁浓郁程度的喜好
- 辣椒油一汤匙，熟的白芝麻一汤匙
- 小葱一小把，切葱花

我是南方人，从小吃的早餐都是热乎的米粉、面条。不过夏天吃这些有点受不了，吃完就是一身汗，完全没法鼓起勇气再去挤地铁——还得再出一身汗，然后今天就别上班了。

我现在仍然偏好中式早餐，尤其是米粉、面条类型的，但夏天必须得来点凉的。做的时候最好不用开火，吃起来也要冰凉爽快的。不过味道最好还是浓郁一点，如果寡淡的米面主食不入味儿，那就不是好早餐。所以咯，冷馄饨最合适啦。

馄饨可以用速冻的也可以自己包，无所谓，这不是今天的重点。但是注意不要用那种肉特别少、皮特别薄的小馄饨，它们在过凉水的步骤中太容易破了。调料里面我用的生抽已经有咸味了，所以没有放盐，不习惯的人可以减少生抽的分

量，撒一点盐。

因为想要凉一点的调料，所以提前一晚上开始处理酱料。把花生酱、老抽、生抽放在一个碗里，用铁勺搅拌均匀。然后倒入凉白开和香醋，再一点点打匀、拌开到没有颗粒，然后放冰箱冷藏过夜。

注意碗底很容易有没拌匀的花生酱，要尽量搅拌到没有颗粒才好。可以一开始只加入酱油之类的调味料，先把花生

酱拌开一点，再加凉白开。如果一开始就把凉白开加进去，花生酱反而容易因为搅拌不到而打不匀。

家里的北方人每次看到我在拌花生酱和芝麻酱的时候都会很疑惑，说他们从小都是用香油（香油就是芝麻油，和芝麻酱一母同胞）来“打”芝麻酱的，这样才能打匀。我知道呀！但是这样做出来的酱热量多高啊，而且很容易腻。少量多次地用调味料本身来调酱，我觉得效果也可以。

提前一晚处理好汤底，再冷藏过夜，早上配合温热的馄饨，温度刚刚好。如果懒得做准备，早上直接做的话也没问题。和后面要做的热干面一样，一口锅先烧水，另外腾出手来调汤底就好。

煮馄饨的时候，因为用的是大馄饨，所以需要点三次水，和煮水饺一样。一大锅水沸腾后放入冷冻的馄饨生坯，再次煮沸后加一小碗凉水，反复三次，最后一次沸腾之后再捞出馄饨，过凉水并沥干。点凉水的过程可以让馅料充分煮熟，馄饨皮又不至于被煮破。过凉水可以给馄饨降降温，并且让馄饨皮不容易粘连，和凉面的处理方法类似。注意过凉水之后要充分沥干，这样汤底的味道才不容易被影响。

把事先调好的汤底淋到煮好的馄饨上，再淋辣椒油，撒葱花和白芝麻就可以咯！

花生酱冷馄饨受到很多微信读者的喜爱，一时间感觉所有读者的家里都备上了花生酱。大家不只是拿这个酱来拌馄饨，还拌饺子、拌面、拌一切。

其实我也想拿来拌饺子，但是我不敢买饺子。因为不管是买还是自己包，我们家的饺子一定是韭菜馅儿的。如果有第二种，那就是茴香馅儿的。“三鲜的也能叫饺子吗？”家属说。我又非常“强迫症”地觉得味道这么浓烈的饺子和花生酱不太搭，就只能放弃不做了。所以，还是自己做自己喜欢吃的食物最有满足感！

嗍一碗“fúlán”米粉

我们“fúlán”（湖南，带口音）人，早上就是要吃粉的呀。

好吃的粉店，出门走到最近的街上就会有。长沙米粉店一般还会有个名字，叫“××米粉店”，而常德米粉店基本上统称“津市牛肉粉”。作为长沙人，我经常换着吃，想吃哪个吃哪个。

长沙米粉味道相对清淡一点，讲究的是汤底要烫，煮粉的水要“宽”（水多而且水面大）。每个米粉店的门口都会有一张店家用的长桌，摆着好几排放了调味料的大碗，调味料不能少的是盐、味精、老抽、猪油和葱花，剁辣椒和干辣椒是放在客人的桌上自助的。

客人点好米粉之后，老板抓上大概二两手工鲜切粉，放入滚水里烫煮。一个竹笊篱一份米粉，绝不会错。煮的时候把笊篱挂在锅边，腾出手来舀一大勺猪骨高汤倒入调料碗里冲开，这就是汤底。其实一大桶汤一般也就只有几根棒骨而已，味道挺淡的，不过提提味儿也够了。再把煮好的米粉夹入碗里，最后舀一勺码子（米粉上的配菜）。我一般会要个肉丝码，自己再加一勺酸豆角什么的，这个也是摆在旁边自助的，有时候还会加一个煎得焦焦的鸡蛋。一碗粉吃下去，浑身的毛孔都舒展开了。

常德米粉因为菜码的肉量比较大，炖煮菜码的时候还会加入牛油，难免味道重一点，我喜欢天气凉快的时候吃。“你要七圆滴（吃圆的）还是七扁滴（吃扁的）？”这句话是长沙地区的常德米粉店的特色，因为常德本地是把扁粉叫作“米面”，把圆粉直接叫作“粉”的。好啦，这也不是重点，重点是我喜欢点“红烧牛杂圆粉”。汤底浓重入味，牛杂炖得软烂不塞牙，好吃。

常德米粉的汤底也和长沙米粉不太一样，用牛骨熬的比较多，和菜码的牛肉或牛杂可以呼应起来。而且牛骨汤底的味道比鸡骨、猪骨都要浓郁，更好吃。据说以前牛骨成本低，在菜摊上经常是白送的。我现在在北京，如果想买点牛骨来炖汤，那都是和西餐厅抢货源，十几块钱一斤呢。

不管是长沙米粉还是常德米粉，还是其他我吃得比较少的邵阳米粉、攸县米粉、衡阳米粉等等，米粉一定是湖南人早餐当之无愧的首选。而我们这些不在家乡工作和读书的湖南人，总是琢磨着，要在早上吃碗粉才舒服呐。

今天早上想吃什么粉？

原料：

河粉、鸡汤、调料、酸豆角、猪肉馅儿

原料展开说

- 鸡骨头四五根或鸡骨架一副
- 汤底用到的香料：八角一颗、桂皮一小块、老姜一块、香叶两三片、花椒几粒
- 新鲜河粉或泡发的米线一人份，100 克左右
- 酸豆角一小把切成碎末，猪肉馅儿 100 克
- 小葱一把，切成葱花
- 汤底调料：盐和鸡精各半汤匙、老抽一汤匙、蚝油一汤匙、剁辣椒一茶匙、香油几滴

在家做米粉的原则还是省事儿，成本也别太高，同时还要能兼顾美味，所以我会用一些比较容易操作的办法来处理汤底和菜码。它们的做法其实有很多花样，我就用最简单的鸡骨汤底和酸豆角肉末菜码来举例吧。

鸡骨头在菜场卖鸡肉的地方都能买到，非常便宜。有时候买点别的鸡肉，再多给摊主一块钱，就能得到一大包鸡骨，这是我用来煮简易高汤的宝贝。

简易高汤的做法很简单，既然都说是简易，就没有那些“吊”高汤的麻烦事儿。把鸡骨头放入锅里，加入清水没过鸡骨头，烧沸之后捞出，把上面的浮沫清洗干净。焯过水的鸡

骨头重新放入一锅干净的清水里，加入所有配料，再次煮沸之后关小火煮二十分钟左右，就是简单的鸡骨汤底。

这样的汤底可以在前一天晚上煮好，放冰箱冷藏备用，第二天早上直接加热就好。甚至可以备上一些玛芬蛋糕用的纸杯，把煮好的汤底分杯冷冻起来，在需要用的时候直接撕掉纸杯入锅重新煮沸就行。

酸豆角也最好提前一晚放到凉水里面浸泡，泡去多余的盐分备用。

早上起床，两个灶头同时用起来，一边烧上一大锅水准备煮粉，另外一边放炒锅，倒入少许油准备炒菜。在烧热油的同时，顺便把所有的汤底调料都放入一个汤碗里。

炒锅的油烧热之后，先放入猪肉馅儿炒香，然后加入酸豆角碎炒匀，根据酸豆角的咸度来放盐，调整味道。酸豆角肉末炒好之后盛出来，放一边备用。

炒锅用完之后，这个灶头也腾出来了。开个大火来加热前一天做好的汤底，煮到沸腾之后盛到调料碗里。这个地方一定可以感受到时间管理的魅力，两个灶头都不闲着哟，而且煮粉的锅烧开会比较慢，是一直占用一只灶头的，另外一边炒菜衔接热汤，是不是有一种什么都安排得刚刚好的感觉？

煮粉锅里的水烧开之后，放入米粉煮熟。

如果是新鲜河粉的话，放进去烫二十秒左右就差不多了。如果是泡发的圆粉或米线，需要煮一分钟左右，煮到米线可以被筷子夹断就可以了。如果偷懒直接煮干圆粉或米线的话，

根据圆粉或米线的质地粗细不同，一般需要煮六到八分钟，同样也是以米线能够轻易被筷子夹断为标准。

煮粉的水一定要“宽”，一次也不要煮太多，以免有米腥味。米粉煮好倒入汤碗里，上面加上或炖好或炒好的菜码就可以啦。

湖南米粉的菜码一般分为炖码和炒码两大类，具体的种类多到可以吃两个月不重样。炖码一般以炖牛腩、排骨、猪肚或者肥肠之类的荤菜为原料，然后随意加工成清淡口味的、辣的、红烧的，早上舀一勺在炒锅里加热一下，最后淋到粉上就行了。常见的有红烧牛肉、红烧牛杂、麻辣牛肉、木耳猪肚、清炖排骨、红烧肥肠等等，不管想起哪个都能流上三斤口水。

炒码能发挥的品种就更多了，比较鲜美的或者口味比较重的小炒，都可以直接拿来当码子。建议晚上就把食材切好，早上炒起来会比较快。不过炒码类的一定是现炒比较好吃，不太适合事先炒好了再加热。我喜欢的炒码有酸豆角肉末、榨菜肉丝、酸辣鸡胗、三鲜码等等。

如果平时有带便当的习惯，炒好了之后夹一筷子当码子，剩下的带饭，安排得简直完美呀。

一碗干香扑鼻的热干面

原料：

碱面、自制麻酱料、咸菜、小葱

原料展开说

- 碱面 150 克
- 麻酱配料：芝麻酱两汤匙、老抽两汤匙、生抽一汤匙、盐和鸡精各半茶匙、辣椒油一汤匙、凉白开 50 毫升左右
- 一些小咸菜：榨菜一包切碎末、酸豆角两根切碎末
- 小葱一把，切成葱花

在武汉读了六年书，当然没少吃热干面这种最常见、最方便、最美味的“过早”（武汉方言吃早饭的意思）首选。“美味”两个字可能你会打个问号，因为大部分人在头一次吃到热干面的时候，觉得“怎么这么干这么齁？完全接受不了”。后来慢慢吃得多了，才感受到热干面的独特干香口感，越吃越爱吃，最后完全停不下来，以至于离开武汉之后还蛮想念的。

那么，今天“过早”来碗热干面！

碱面也是一个南方名词，北方吃手擀面比较多，南方吃碱面或鸡蛋面比较多。面条里加碱，是为了更筋道。

热干面的主体当然是面，生的碱面煮到七八分熟，捞出

来拌上香油防粘，再摊开凉一凉，也可以用电风扇吹一吹。据说是怕面条煮熟的时间太长，顾客等得不耐烦，聪明的早餐摊主才发明了这样的做法。这倒是有可能的，劳动人民在时间管理上总是一把好手。但我后来想想，摊主们到底怎么拌面呢？香油其实价格比较高，而且印象中在早餐摊旁边也没有闻到过多么浓郁的香油味道，应该是用普通菜籽油来做的吧？不过操作流程没有变化，路过早餐摊的时候，经常会看到暂时没有生意的老板一直在做煮面、拌香油、吹干的工作，如此反复。

北方一些菜市场里也能买到碱面，在卖凉面的地方找一找，让老板直接卖原材料给你就可以了。如果用手擀面、拉面来做，也不是不可以，只是风味会有点偏差。面条煮熟之后，也可以先用香油拌匀一下，模仿碱面的处理方式。

早餐做热干面的时候（事实上做所有粉、面之类的早餐我都这么干），我一定会先烧一锅水，再开始准备其他的。在早上这种时间紧张的状态下，要把不需要照看但是又有点费时间的事情先做好。

烧水的同时调酱料，把老抽和生抽在碗里兑好之后，将盐和鸡精放进去让调味料融化。再把这个混合物慢慢加到芝

麻酱里面，一边加一边顺着一个方向用小勺打匀。调味料全部加进去之后颜色会有点黑，也不会特别稀，没有关系，凉白开就是这个时候用上，调成你喜欢的浓稠度即可。

一般用芝麻酱的时候，都会有一个“打酱”的步骤，是用香油和芝麻酱混合，再朝同一个方向打。我嫌这样热量太高，而且容易觉得腻，所以就改用调料来打，效果也不错。

锅里的水烧开之后，把碱面放进去略烫一下就捞出来，十几秒就可以了，碱面本来就是熟的嘛。略微沥干之后和切碎的榨菜、酸豆角一起拌匀，撒上葱花就可以啦。

武汉经常会有这样的画面：上班族在公交站旁边的热干

面店铺买上一碗热干面，端着一次性的纸碗去赶公交。不管是长沙还是武汉，不太挤的公交车上总有人端着碗在吃粉吃面。相比之下我还是愿意看到吃面的人，没有汤水就没那么怕急刹车吧……某种程度上我很理解为什么他们一定要马上吃，热干面拌匀之后的干香扑鼻让人完全忍不住呀！甚至应该再来一碗蛋酒！

长沙和武汉这两个我待了好多年的城市，对于我来说都有它们不可替代的地位，而我第一时间能想起来的都是吃的。我一直觉得，中国人的思乡情感大多数时候都是馋那一口好久没吃到的家乡菜吧。

关于武汉的回忆，除了马路边的热干面之外，还有水果湖菜场的番茄汤包、武大梅园粮店的豆皮、广八路上的烧烤、蔡甸的牛骨头、户部巷的早餐、汤逊湖的鱼丸和吃完鱼丸之后顺着湖边往回走的那一个多小时的风景。毕业之后回去看了看，好多都拆得所剩无几。但是想起每一份吃食，旧时光又满满地出现在脑海里。

尤其是户部巷，虽然当时已经有点商业化，但是对于学生来说仍然是平价美食的天堂。我们经常在寝室打通宵的牌或者在校门口网吧包个夜（好像暴露了自己不是好学生的事

实），然后坐最早的渡轮去吃东西。当然早上九十点去吃也可以，只是换成现在比较时髦的话说，吃户部巷也需要一种“仪式感”。玩了一晚上，早就把寝室里能吃的都吃光了，那是黎明前最饥饿的时候。我们在渡轮上就掩不住兴奋，虽然很困，可是前方有吃的！这种兴奋的觅食感，大约每个人都会有的吧。

我去户部巷的时候爱吃老谦记的牛肉枯炒豆丝、徐嫂糊汤粉，还有一些不知名店铺的豆皮。每样来一份，全部都吃得下。还不止呢，寝室打牌输了的人通常要请客，请客的人会逼着被请客的人先吃一碗热干面垫底，半饱之后再“随便你吃！”真是幼稚又赖皮的赌局。

最想念的泡饭

原料：

剩米饭、火腿、蔬菜

原料展开说

- 隔夜剩米饭一碗
- 火腿一小块切丁，胡萝卜一根切丁，玉米粒或甜豌豆什么的一把
- 虾米几个，香菇几朵，都事先泡发后切碎
- 小油菜一两棵，洗净切碎
- 盐少许

有一次我把泡饭做法发布在微信上，大家回复得非常踊跃，然后发现这真是一道有共鸣的菜，原来大家都是从小就这么吃呀。

我爸妈的泡饭做法一直比较偷懒，就是用清水煮一煮剩米饭，煮开了之后加一点适合放进去的剩菜，有时甚至什么都不放，端上桌用腐乳和榨菜配着吃。在餐桌上没有发言权的小孩子，表示这样的吃法其实有点无聊。

而大家在公众号里的回应就热烈多了，每一个都比我们家的吃法要有趣！

“北京孩子大概打小都吃烫饭……各种剩菜、汤之类的和隔夜饭一烩！我最爱炖牛肉、柿子椒、酸菜这三种重口味的烫饭，尤其是冬天，吃得暖暖的再出门！”

“我们老家叫汤饭，冬天吃才叫惬意，我爸妈是这样搞的：把头天火锅剩下的拿来做，里面啥都有，肉啊，菜啊，有时候火候掌握不好还会有锅巴，但是正是那种还没煳的锅巴有点焦的才叫好吃！”

“其实这个用骨头高汤煮最好吃！”

“我们家也叫泡饭啊！还可以在里面放年糕……超级好吃，从小就爱吃，哈哈。”

“如果啥都没有的叫水泡饭，加了青菜的就叫菜熬饭。地标：浙江绍兴。”

…………

全国人民从小吃到大的早餐，应该就是“家常”的最典型代表了。

泡饭里面放什么蔬菜真是随意，前一天剩下了什么，放进去一起煮就好，顺便清理冰箱。如果家里没有剩菜，按我的习惯就会尽量多准备几种新鲜蔬菜，也算是补充一下中午外食不易摄取到的维生素。另外很重要的是，必须要有一些提鲜的食材，比如火腿、虾米、香菇之类的。这些也都可以替换，换成干贝、鸡肉、腊肉什么的都行呀。

整个过程说白了就是分步骤把食材放进去煮。提鲜的、需要久煮的最先放，比如火腿和虾米；提鲜的、稍微没那么耐煮的稍后放，比如香菇；如果有不太容易煮熟的食材也可以稍微早一点放，比如胡萝卜；青菜一定是最后才入锅。

隔夜米饭加上清水，清水的分量大概没过米饭以上半截手指头，再加上火腿和虾米一起煮沸，其间一直保持中火。用手指头来当度量衡这种方法在煮饭里面真是太常见了，而且非常实用！烫饭因为食材比较多，所以我用的水会稍微多一些。不过煮粥或烫饭，水少了再加一点就是了，问题都不大。

然后我放了香菇、玉米粒和胡萝卜丁。香菇呢，我当然是在米饭刚开始煮的时候切的，在煮香菇和胡萝卜丁的时候，我就去切小油菜了，如果整个时间搭配得好，这些大概五分钟就能做好。

再次煮沸之后，把小油菜碎扔进去，加盐调味，然后关火出锅就好啦。每一次煮沸都是一个时间节点，代表可以放入下一步的东西了，时间掌控绝不会错。如果觉得太手忙脚乱，那火关小一点就好。

泡饭是特别适合秋冬的早餐，吃完暖暖地出门，保证心情大好。

小时候因为学校离家很近，早餐午餐都在家吃。不过那个时候其实不觉得幸福，反而很羡慕中午在学校吃食堂的同学，大家一起热热闹闹的多好呀。

我甚至想了很多办法不吃家里的饭菜。早餐时，妈妈如果给煎了饼，我就会借口“上学要迟到啦！”来要求装在保鲜袋里边走边吃，然后一出门就找个地方扔掉，再欢快地去校门口和同学一起买吃的。午餐没办法不在家吃，那就少吃一点，留点肚子在路上再买点辣椒、萝卜干一类，带去学校和大家一起吃。

现在想想，真是幼稚又愚蠢的行为。

工作以后有一次携家属回长沙，我老爹自告奋勇地说要给我们煮粉吃。他平时都是出去吃牛肉粉的，天知道头一次做四个人的早餐会是什么状态。而他用了一个最笨的办法，那就是先煮一碗给一个人，再煮一碗给第二个人……从七点半忙活到九点半，终于四个人都吃完了。然而汤底寡淡没有味道，一点都不好吃。而我也发现，小时候印象中动作麻利、时间管理能力超强的爸爸妈妈，好像动作迟缓了好多好多。

冬天的早晨，出门前喝一碗醪糟汤圆

原料：

醪糟、糯米粉、鸡蛋

原料展开说

- 醪糟大概 150 克
- 清水约 300 克，清水和醪糟的比例大概是 2:1
- 糯米粉 50 克，清水适量
- 鸡蛋一个
- 枸杞几粒（没有可以省略）
- 白糖一勺（可以省略）

以前生活的城市，都有早餐吃醪糟汤圆的习惯。不过长沙的叫法是“甜酒冲蛋”，在滚烫的甜酒（就是醪糟和米酒的混合物）里冲入打散的蛋液就可以了。武汉的叫法是“蛋酒”，如果不放鸡蛋的话就叫“清酒”，一般卖热干面的地方都会搭配售卖，可以缓和一下热干面干干黏黏的口感。

不管叫什么，我都蛮喜欢在冬天的早晨来这么一碗醪糟汤圆的。做起来简单，多赖床几分钟也没压力，关键是一碗喝下去特别暖呀。

做醪糟汤圆的整个过程都简单得要命，唯一要注意的就是醪糟不适合久煮，不然会变得比较酸，最好尽量缩短煮醪糟的时间。我一般先把清水倒入锅里煮沸，然后加入醪糟，再次煮沸。

在烧水和煮醪糟的同时，用清水和糯米粉，和到合适的程度，大概就是柔软得好像耳垂的样子，然后在手心里搓成小丸子。糯米小丸子的个头不要太大，免得太难煮熟。如果觉得这个步骤很麻烦的话，也可以买现成的小汤圆来代替。我喜欢自己手搓，因为会感觉手脚特别麻利的样子。我还可以一次搓两个，两团糯米粉在手掌的不同位置搓好一起下锅，那成就感妙不可言。

湖南街头，醪糟和糯米粉都是一起卖的。菜市场一般也都有，还有走街串巷叫卖“甜酒——小钵子甜酒——”的流动摊贩。我每次买的时候都要叮嘱多一点米酒少一点醪糟，然后塑料袋装一袋提回家，倒在碗里就能直接喝，清洌甘甜，甜度也刚刚好。北京这边就不行了，只有超市卖醪糟，而且都甜得齁人，有时间的人不妨自己做做看，网上买点甜酒曲就能搞定。

醪糟再次煮沸之后，把小丸子放进去煮。又一次煮沸后，关火，把打散的鸡蛋倒进去搅拌均匀，撒几粒枸杞点缀就可以了。整个过程总共煮沸三次。

这个成品我一般不会加糖了，但是如果比较爱喝甜度高一些的醪糟汤圆，或者因为煮太久了把醪糟煮酸了，可以按

自己的口味加一点糖来调整。另外，虽然一碗醪糟汤圆喝下去饱腹感挺强的，可是汤里其实没有太多实在的食材，还是要搭配一些主食来吃才能撑到中午。

我最爱的一个面碗

这个碗日文名叫作“吉岡萬理刷毛目楕円鉢”，是日本作家吉冈万理的作品，堪称我的最爱之一。

“刷毛目”是指一种陶器装饰风格，一般器物上面会有一圈一圈的纹路，这是罩上了透明釉的化妆土。刷毛目的风格看起来比较粗犷天然，摸起来当然也不光滑，有一种浑然天成的美。

因为比较深，这个碗特别适合拿来装中式小炒或汤汤水水、米粉面条。酸豆角码子的米粉，加一个煎得焦焦的鸡蛋，放在里面，刚刚好。

即便是碎末状态的湘菜小炒，堆在里面也完全不难看。

可能你要说，不就是碗大一点吗？好像没什么特别啊？我觉得除了质感天然粗犷得让人喜欢之外，器形其实也蛮重要。比如同样是米粉或面条类的摆盘，用普通碗摆出来是这样的：

吉冈万理这个碗的椭圆形碗身比例很好，怎么摆都上镜。而且碗口够大，一些平铺在表面的食材可以得到最充分的展示，所以看起来格外诱人。早上煮粉煮面，有一大半的时候我都用这只碗来装，粉面和菜码都能展示出来，看起来特别有胃口。

好看的餐具真的是可以给餐桌加分的。“餐桌美学”乍一听好像需要很用力才能做到，其实完全不是。上菜之前把碗边擦干净，用合适的器具来搭配合适的菜，菜装在碗碟里留出两厘米的空白，餐桌上适当地装饰一些小花，细节做到位了，整个餐桌和生活都变得有质感起来。

我很喜欢买餐具，装盘、配菜、清洁、擦拭，可以感受到一份器物的美好。刚开始迷恋餐具的时候也犯过一些错误，比如一买就爱买全套啦，喜欢买热门作家品牌啦，买一些中看不中用的餐具啦……现在冷静了很多，只买自己真正喜欢而且用得上的东西，贵也好便宜也好，和自家餐桌风格能够搭配上才最好。买回家了就好好用，一个好碗反复多用，才能散发出它的光辉。

“洋气”的早晨需要异国风味

写到这里，我突然想声明一下，这本书里提到的早餐做法，是真的出现在我家早餐餐桌上的。

因为同样的早餐吃久了还是蛮痛苦的呀，就算再健康合胃口，也没法忍受每天早上都吃一样的东西。嗯，所以你会发现我的早餐花样特别多。好吧，其实也有一部分原因是工作日能做饭的次数太少了，只能把对厨房和餐桌的热爱都倾注到早餐上。

但是结果令人惊喜，家属每天睡觉前就会很期待地问："明天早上吃什么呀？""韩式拉面？这个早餐来得及吗？"得到我的肯定回答之后，就会开心地睡去。不一样的早餐有不一样的期待，特别是在早餐加入了异国元素后，感觉每天都会有一个非常新鲜的开始——明天一定有好吃的早餐，以及崭新的一天。

韩式辣白菜拉面

原料：

拉面、辣白菜、鸡汤、大酱、猪肉馅儿

原料展开说

- 拉面一人份
- 韩国辣白菜约 100 克
- 简单的鸡骨高汤一大碗
- 韩国大酱一大勺 + 两大勺
- 肥瘦猪肉馅儿约 100 克
- 小葱一把
- 鸡蛋一个（可选）
- 盐少许

因为很喜欢日本，这几年去过好几个日本城市。每次都是订早上的航班，中午差不多可以出海关，坐 JR（日本旅客铁道）或者其他的地铁线路到酒店之后，早就过了饭点了。所以到日本的第一顿，经常是用拉面来解决。

知名的拉面连锁在日本比比皆是，但是要做得出彩就不太容易了。吃过好几次，留下特别印象的也不多。有一次在东京去“两国国技馆”看相扑，附近的餐厅好多都打了类似“相扑专属食品”的旗号——拜托谁敢吃啊，心理阴影的面积有一个相扑选手那么大。最后选了一个相对安全的拉面馆，吃了一碗铺满了黑蒜蒜头的拉面，也算有点特别……不过吃完之后觉得很腻很咸，这是大部分日本拉面的通病。

因为对日式拉面的汤底非常好奇，买了几本菜谱研究过一阵子，结论是——够浓郁的汤底好像都不太方便在家里操作。即使是我这么不怕麻烦的人，看到要用那么多猪骨、猪皮、鸡爪来煮汤，也觉得有点麻烦呢。

然而拉面的汤底很重要，味道太寡淡的话没有什么意思。

直到琢磨出了一个做出丰厚汤底的办法，才觉得："啊！真是浓郁够味又不腻！可以做一做。"做法也并不麻烦。就连原材料也都是冰箱里的一些存货：冷藏柜常备的拉面、周末在超市随手抓的一包韩国辣白菜，还有提前一天从冷冻柜取出来放冷藏柜解冻的一小包肉馅儿，组合组合还蛮吸引人的。

我的冰箱保鲜层上经常会备有一包拉面，虽然超市卖的拉面质感一般不够筋道，但是简单快手地做个早餐还是够用了。自己做拉面的一个好处，就是汤底可以处理得健康一点。真照日本拉面那个做法还是算了吧，据说基努·里维斯就是吃拉面胖起来的，因为真的太高油、高盐了。

我一般会提前准备好一大碗鸡骨高汤，做法可以参考《嘲一碗“fúlán”米粉》中的高汤部分。也许你会说，偷懒用清水来做汤底行不行？最好还是不要，鲜味会差很多。自己在家做，不想用工业生产的调料包，但只用清水味道确实有点寡淡。

在炒锅里倒少许油，把肉馅儿倒入，用中火炒到肥肉的部分有点焦焦的之后，加入一勺韩国大酱炒匀，让肉馅儿入味，这个味道和拉面汤底的味道是吻合的。

我用的韩国大酱和超市常见的红色包装韩国辣酱不太一样，这个是黄豆发酵而成的，可以直接蘸黄瓜生菜吃，风味比较类似“欣和六月鲜”的豆瓣酱，但是又多了一层韩国辣酱的风味在里面。

肉馅儿炒好之后呢，两个灶头可以同时进行汤底和煮面的工序了。一只锅烧上水准备煮面，另外一只锅把提前备好的鸡骨高汤煮沸，灶头上同时有两只汤锅在操作哦。

如果煮面的水开了，就去煮面，这一步可以在任何时候开始。面条按包装袋上提示的时间煮好之后稍微过一下凉水，放在一边备用。

比较重要的是煮汤底，不过步骤很简单：备好的鸡骨高汤煮沸之后，舀上两勺韩国大酱，放在一个筛网里面，然后架在汤里，慢慢地一边用中火煮汤，一边用勺子按压酱料，

让酱料更充分地溶在汤底里面。最后有一些豆瓣没法溶化也不要紧，直接倒到汤里就好。

注意一定要用筛子和勺子来操作，直接把大酱放到汤里是化不均匀的。

加了酱料的汤底煮匀之后，再加入辣白菜，煮个半分钟之后关火。辣白菜在锅里待的时间不要太长，免得发酵的酸味损失太多反而不鲜美。可以稍微加一点盐来调味，尝尝汤底的味道，需要比能直接喝稍微咸一点点。不要多，一点点就好。

最后准备一只大碗，放入面条之后倒入汤底和辣白菜，码上炒好的肉臊和一大把葱花就可以了。

我在炒肉臊的时候，顺手在闲置的灶头上煮了一枚水波

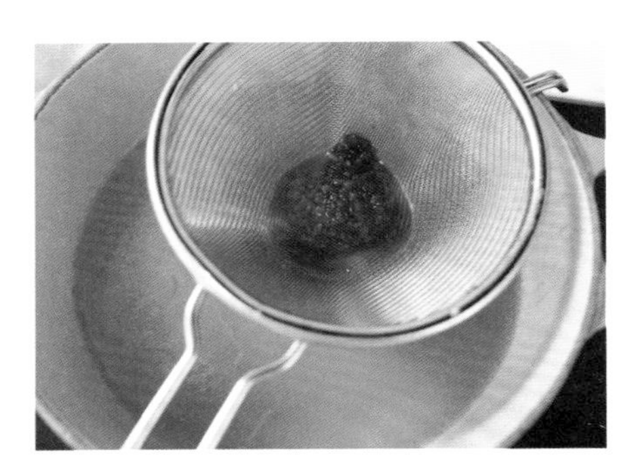

蛋，感觉更丰盛啦。

这是一个简单有效地让拉面变得很丰富的做法，我蛮喜欢从浇头到泡菜到汤底都一路贯穿下来的酸辣口感。而且有菜有肉，丰盛得不得了，是营养很均衡的一碗拉面。

酸辣开胃的凉拌越南米粉

原料：

越南米粉、牛肉片、蔬菜、香料、调味汁

原料展开说

- 细的越南米粉一把
- 生菜几片，豆芽一把，白洋葱约 1/4 个
- 薄薄的牛肉片几片，腿肉最好，不过我图省事儿，用肥牛片来代替
- 薄荷叶几片，九层塔几片，香菜几根
- 生花生一小把
- 柠檬一个取汁，小米椒两根切碎末，蒜瓣两粒切蒜末，以及和柠檬汁分量差不多 1:1 的鱼露
- 另外再准备 1/4 个青柠，上桌的时候用
- 这个酸辣的程度是我自己的偏好，你可以根据自己的口味来调整

炎热的夏天胃口完全被堵住，特别需要各种无油的、酸辣的、清爽的菜式，真的是只有这样的才吃得下去呀！所以夏天会比较偏爱东南亚菜式，完全符合这些需求，关键还好吃。

凉拌越南米粉就是超级适合夏天的早餐主食，我甚至在上桌的时候配了一小块柠檬，在本来就酸辣开胃的基础上再叠加一点新鲜柠檬汁，风味更足，更能刺激闷热的夏天里完全被堵塞的胃口，太舒服了！

越南米粉在一些进口超市或淘宝店都能买到，一般有两种，英文写着“Pho”的是宽一点的河粉，煮着吃比较多；用来凉拌的细米粉叫“Bun”，包装上也会写，这种更容易入味。不过其实问题都不大，能买到什么就用什么吧。

说起九层塔和罗勒，也是打不清的官司。好多人觉得这俩是一回事儿，而且在不容易买到这些香料的城市，也容易把这俩通用。其实它们是不一样的。九层塔（Thai basil）和罗勒叶（sweet basil）的确是两种相似的香料，但九层塔的梗有点发红，罗勒叶是绿色的；九层塔风味会更浓重一些，而罗勒则偏甜。一般台湾菜、东南亚菜用九层塔比较多，不过如果九层塔不好买到的话，用罗勒代替也可以，我有时候也用罗勒来做。

这道菜做起来其实也蛮简单，不要被“越南”两个字吓到，就当它是个普通的凉拌米粉就好。

把柠檬汁、小米椒碎、蒜末、鱼露一起混合均匀成调味汁，盖上保鲜膜放到冰箱里冷藏过夜。是的，连调味汁我都希望它是冰凉爽口的。

起码提前俩小时或干脆提前一晚把越南米粉用凉水泡上

备用。第二天早上起床就烧上一锅水来准备煮米粉，同时处理其他的配菜。至于配菜的制作顺序，我建议按下文所说的来做，让该凉的更凉，该脆的更脆。

最先处理洋葱，把洋葱切成薄片放到冰水里面浸泡几分钟，是的，就是因为有这个浸泡时间，所以最先处理洋葱会比较好。浸泡是为了去掉洋葱的生辣味。有几次看日本的美食节目，采访拉面店或者兼做三明治的面包房的时候，我注意到他们在后厨有一个很大的水池，旁边有一支温度计，掐准了温度来浸泡洋葱，不要辣味，只留清甜。

花生碎放在无油的、烧热的煎锅里，勤翻慢烘到表面变得焦黄，可以稍微冷却一下让它脆度更佳！（平时炸花生米也得凉

一下再吃的呀）花生煎到焦黄程度就可以盛出来了，免得过煳。

绿豆芽在沸水中焯熟之后过凉水，如果过冰水当然更好，可以让它降温和保持爽脆。手上有空的时候把生菜洗净掰碎，放到一边的笊篱上沥干。最后把肥牛片也在沸水中焯熟，盛出备用。

水烧开之后煮米粉，也就半分钟到一分钟时间，米粉能用筷子轻易夹断的时候就可以捞出来了。然后当然也要过一下凉水或冰水，并且尽量控干。其实不管是做米粉还是面条，控干这一步挺重要的，多余的水分容易冲淡调料的味道，尤其煮面的水会明显有一些面味。国内的店铺好像都不太讲究这一点，在日本吃拉面的时候我看着煮拉面的小哥使劲儿甩甩甩，都快把手臂甩断了，才算沥得够干。

米粉放入碗里，上面码上各种蔬菜、香料、牛肉片，撒上花生碎，再淋上从冰箱里拿出来的调味汁。

而此时并没有完！所有的原料和调味汁都码好、淋上之后，再挤一点新鲜柠檬汁淋上，非常酸爽，提味效果超级好！迫不及待拌匀开吃！

挤柠檬汁也有小技巧哟，我之前一直都是把柠檬皮朝虎口的方向来挤的，对吧，大家都这样吧？但有一次在外面吃日料，板前师傅就叮嘱我一定要反过来挤，柠檬肉朝虎口处，这样柠檬汁挤出来的时候需要通过柠檬皮（想象一下一堆汁水冲破铁门的感觉），会更香。而我的叮嘱就是，如果用右手挤柠檬，左手一定要张开手掌来挡一下，不然很容易把柠檬汁挤到脸上。

美式炒蛋柔软嫩滑，无法细嚼

原料：

鸡蛋、淡奶油、橄榄油、盐、黑胡椒

原料展开说

- 鸡蛋三个
- 和蛋液比例几乎为 1:1 的淡奶油
- 橄榄油少许
- 现磨的海盐和黑胡椒适量
- 其他自己喜欢的配菜

美式炒蛋（scrambled egg）是几乎所有西式早餐店的标配，堪称是西式早餐的代表菜之一，没有人不喜欢。身上有14 颗米其林星星的戈登·拉姆齐（Gordon Ramsay）在家也是会做菜给妻子吃的好男人，他做的早餐跟米其林没什么太大的关系，就是简单的面包、煎小番茄和美式炒蛋。妻子还在赖床的时候就可以开始准备，二十分钟做好之后再叫她起床，简直太甜蜜了！

美式炒蛋的质地柔软嫩滑，好像不用细嚼就会马上落入喉咙。不同于大火煎焦的油香味，美式炒蛋吃在嘴里兼有蛋香味和奶甜味。配一些简单的西式主食和沙拉，是让人满足又不用担心满头油烟味的早餐。

我们先把鸡蛋打散，然后在蛋液里加入几乎和鸡蛋比例为 1:1 的淡奶油，继续打。用蛋抽比用筷子更好，这样把鸡蛋打散之余，还能让蛋液里面进入比较多的空气，口感会比较软嫩。打好的鸡蛋不要放置太久，以免打入的空气消失，类似于做蛋糕时的消泡。

在烧热的煎锅里面倒入橄榄油，晃动锅让橄榄油均匀分布在锅底。不需要等油温上来，直接把打散的鸡蛋液倒入，略停几秒钟之后用木铲或筷子反复地打蛋液，让蛋液受热均匀。炒鸡蛋的油温一定不能太高，免得鸡蛋一入锅就被高温煎焦了。

然后一直反复多次地搅拌蛋液，注意整个过程中都要保持中小火，避免火力太旺而让鸡蛋的口感变老。

出锅不能太晚，在鸡蛋快熟的时候就盛出来，利用余温让鸡蛋熟透，这样才能最大限度地保证炒蛋的软嫩。

最后再根据自己的口味撒上一些现磨的海盐和黑胡椒就可以了。

我有时候还喜欢在蛋液里面加一点切碎的菠菜叶子，一起拌匀。其他的做法和普通的美式炒蛋完全一样，成品黄黄绿绿的更好看，营养也更均衡。注意菠菜叶子不要放太多，

还是需要保持蛋液能够自由流动的状态。

第一次做美式炒蛋的时候，就被戈登·拉姆齐的爱心早餐感动到了。我觉得我平时也是这样的呀！因为家属上班时间比我早，我经常先做他的那份，让他可以早点出门。但是美式炒蛋的故事在我们家无法完全复现，因为我发现周围爱美式炒蛋的人普遍是女生，大部分男生都会说“还是喜欢炒得老一点的鸡蛋”“如果是煎鸡蛋也不要有溏心”——感觉完全吃不到一起去。嗯，所以最好是不管他们。

让猫王沉迷的法式吐司

原料：

吐司、鸡蛋、牛奶、花生酱、香蕉

原料展开说

- 厚白吐司或牛奶吐司两片
- 鸡蛋两个，牛奶适量，蛋和奶的比例大概为 1:1
- 花生酱适量
- 小个头的香蕉
- 枫糖浆或糖粉少许，选用其中一种
- 奇异果或草莓之类的装饰用水果少许，切块备用
- 也可以准备一些枫糖浆或打发的鲜奶油来当 topping（糕点顶部装饰）

有部纪录片叫《人人都爱三明治》（*Sandwiches That You Will Like*），里面介绍了一种猫王爱吃的三明治，后来被命名为“The Elvis”（埃尔维斯，猫王的名字）。这种三明治做法很简单，一片白面包抹上花生酱，然后放入融化了黄油的煎锅中煎到一面焦脆。再铺上切片的香蕉和同样煎到焦脆的培根，盖上另外一片白面包，翻面再煎过，就完成了。

参考这个做法，我稍微做了一些小改造。把 The Elvis 里那两片煎到酥脆的面包换成了法式吐司——浸饱了蛋奶液之后煎到金黄，一口咬下去就会塞满口腔。妈呀，真好吃！我完全相信猫王也会爱上这款法式吐司，确实是美味程度加倍，

不过罪恶感也加倍啦。

面包还是用白吐司或牛奶吐司最好，任何谷物面包或全麦面包都不太搭，没味道或者有淡淡奶味的吐司才比较适合。如果能买到厚一点的吐司片或者用整个吐司切厚片更好，因为太薄的吐司片在吸收蛋液之后容易软烂不成形。

先把吐司的边缘部分切掉，再均匀抹上一层花生酱。

然后在其中一片吐司上铺上切片的香蕉，盖上另一片，用手掌稍微压压紧。这一步和所有的三明治一样。

斜切成两个三角形的三明治，在 1:1 打散的蛋奶液中浸泡一会儿。注意浸泡中间要翻个面，也可以立起来一会儿，让三明治坯子的各个角落都浸满蛋奶液。

我以前喜欢浸泡得久一点，后来发现，浸泡得越久，吐司片越容易泡烂。不只提不起来，就算提起来勉强入锅了，煎好之后的口感也会太湿，反而不好吃。我的建议是把三明治的各个面都浸到蛋奶液就可以拿出来了。

煎锅里加热橄榄油，把浸饱了蛋奶液的三明治略煎到两面金黄，其间注意一直保持中火。出锅后按自己的喜好撒上糖粉，淋枫糖浆，加一些水果就可以了。

这款法式吐司里有比较多的花生酱和蛋奶，再加上糖粉或者枫糖浆的甜度，吃多了难免会觉得有点腻。推荐搭配黑咖啡、水果、沙拉，解腻之余也能稍微降低一下罪恶感。

很多人煎法式吐司喜欢用黄油，我觉得这道菜里真的不能用，会腻到受不了。花生酱和香蕉本来就已经很甜了，再加黄油，真是不敢想。

洒满阳光的周末 brunch

所谓 *brunch* 呢，其实是早午餐，*breakfast*（早餐）+ *lunch*（午餐），在周末早上十点来钟，慢慢地开始一天的早午餐。我一般会睡到九点左右开始准备，或者更晚一点也没关系。因为不用上班，所以可以做一些稍微复杂一点、适合慢慢吃的菜式，顺便看个综艺节目，一直耗到中午，下午再愉快地出门看个电影。

当然也有一些好吃的 *brunch* 餐馆可以选择，不过所有餐馆在周末的大排长队、座位和座位之间的逼仄空间、吵闹到需要提高音量来聊天的就餐环境，都让 *brunch* 应有的休闲、舒适、放松变了味。

所以我仍然选择在家里吃。

周末做饭的一个好处就是，因为不用着急出门上班，所以有时间可以把喜欢的菜式精雕细琢。就算做得慢一点也不要紧，饿一饿胃口更好嘛，反正做的也是能代替午餐的正餐菜式啦。慢慢吃，不着急。

豪华的奶酪面包，十五分钟就能吃上

原料：

面包、马苏里拉奶酪、肉类或香料

整个面包都塞满了能拉丝的马苏里拉奶酪，吃起来超有满足感。作为 brunch，这款有颜值的奶酪面包端上桌的时候，特别容易引起惊呼："哇！看起来就好好吃！"尤其当所有人都动手撕开面包，拉出长长的奶酪拉丝的时候，一桌人的情绪都能马上被调动起来，所以这也是一道特别适合宴客的主食呢。

因为要塞很多的奶酪，所以这个面包最好用没有馅料、有点厚度、质地"硬挺"一点的欧包，这种面包烤完不容易变形。如果不好买的话，买软欧也可以。面包形状倒无所谓，圆形、方形、椭圆形的都可以。

我没试过用柔软小餐包或吐司来做，感兴趣的可以自己试试，建议切得稍微宽一点，会不那么容易软塌。另外个头比较小的面包烤制时间可能会短一些，需要自己根据面包大小和烤箱脾气来调整时间。

点缀用的肉类或香料，我用的是意大利生火腿、干的百里香碎和少许新鲜法香，你也可以随意用点方便找到的原料，比如培根、小葱、罗勒叶等等。

烤箱充分预热到 180 摄氏度左右，其实不管是烤面包还是烤肉，烤箱的预热一定要到位，烤出来的东西才不会干。

如果买的是质地比较硬的欧包、法棍，一般在复烤之前，会在面包表面喷水，这是为了让面包不至于因失去过多水分而在烤完之后变得太干硬。

趁着烤箱预热的时候，往面包里塞满奶酪。把面包切出“井”字形的格子，注意不要切断，然后把马苏里拉奶酪碎塞进去。如果想多塞一点馅料，当然可以切深一点咯。

说起马苏里拉奶酪，以前收到很多留言问：“为什么我在超市买的马苏里拉奶酪不拉丝呢？”注意，一定不能买超市冷藏柜的片状马苏里拉奶酪，那种一般是再制干酪，是拉不出丝的。要买块状的自己切，或者直接买切成丝的袋装款也可以。

在面包表面喷少许水，把面包放入烤箱中层，烤五到八分钟直到奶酪融化就可以拿出来了，然后撒上点缀的火腿、百里香碎和法香碎。如果你用的是脂肪比较丰富的培根，可以和奶酪一起入烤箱烤制，培根的肥肉部分要烤到焦香出油才好吃。也可以放点自己喜欢的坚果或水果干，坚果要选用生的烘焙用坚果（当零食吃的椒盐核桃是不行的），水果干最好提前在水或朗姆酒里泡一泡，有点水分的坚果或水果干烤完之后才能避免焦苦。

但是新鲜的香草就不要放入烤箱一起烤啦，容易变苦。

只要十五分钟，成品看起来还真是蛮豪华的呢。最喜欢这种做法简单，又撑得住台面的菜式了！口味也很不错，新鲜出炉的面包里塞满奶酪，还热乎着呢！ 掰一块，奶酪拉出长长的丝，混合着火腿和香草的味道，真是丰满的一个早上。

自己在家做菜的一个好处，就是可以使劲儿放自己喜欢的

材料。以前家里还没有烤箱的时候出去吃比萨饼，都会有点不好意思又满怀期待地问："能不能多加一份奶酪呀？"后来家里终于置办烤箱了，第一次做比萨饼的时候完全没有经验，面团揉得巨烂，然而撒得厚厚的奶酪完全掩盖了这个缺点，吃得很满意。奶酪面包也是一样，想塞多少奶酪就塞多少，记得一定要用硬挺的欧包！因为它们的承载能力最强。

瞬间提升 brunch 奢侈度的鸭肝酱

原料：

鸭肝、牛奶、黄油、鸡蛋、酒、辛香料、调味料

原料展开说

- 鸭肝 220 克
- 牛奶约 500 毫升
- 用在酱料里的无盐黄油 200 克，另外还需要准备 100 克左右用作封层
- 酒 100 毫升
- 百里香一把
- 紫洋葱四个，大蒜两瓣，都切碎
- 中等大小的鸡蛋两个
- 盐一茶匙，现磨黑胡椒约两茶匙

个人不太爱吃动物肝脏，比如猪肝、鸭肝、鸡肝。但是我还蛮爱吃鹅肝、鹅肝酱和鸭肝酱，还有日料店的鮟鱇鱼肝。是的，喜欢的都是丰腴滑润的口感，而不是肝脏本身那种粉粉的味道。

我们家的原则是，两个人都不爱吃的一定不会做，但是我爱吃的我常做，家属吃不吃我不管。如果他爱吃但是我不爱吃的东西，抱歉，我也不会做的。于是显得我啥都吃，他好多东西不爱吃。所以有时候想想，为什么小时候大人们总说小孩子挑食呢？道理是一样的呀，大人买的都是他们爱吃的菜，他们没什么可挑食的，而罪名都加在小孩子头上。

不过真的，鸭肝酱是值得试试的好东西。

正经做鸭肝酱或鹅肝酱的原材料，一般得用肥鸭肝（法语中的 foie gras de canard）或肥鹅肝（法语中的 foie gras d'oie cru）。不过我特别希望这是一道能用普通原材料做出来的菜，让平时看起来比较高冷的菜式实践起来没那么困难，也让一顿超高品质的早餐来得更容易一些。

所以我用了大部分菜市场都能买到的袋装普通鸭肝来代替，另加了一些黄油来保证原材料中的脂肪含量，肝酱这个东西还是要肥一点，才能保证成品的口感足够柔滑细腻。

以前看雷蒙德·布兰克（Raymond Blanc）做鸡肝酱的菜谱，会把 Dry Madeira（马德拉干白葡萄酒）、Ruby Port（红宝石波特酒）、Cognac（干邑白兰地）按 2:2:1 的比例混合起来使用，味道层次应该会很丰富。鉴于大部分人家里常备的酒不多，从去腥和方便的角度考虑，我建议尽量选有一点度数的朗姆酒或白葡萄酒，我用的就是 37.5 度百加得黑朗姆酒。

加入没过鸭肝的牛奶，然后盖上保鲜膜在冰箱冷藏过夜。

此举目的是泡掉鸭肝里的血水，起到去腥的效果。而且被牛奶泡过的鸭肝，质地会更嫩滑，味道也会带上一些奶香和乳脂的浓郁，因此这一步必不可少。

第二天把泡好的鸭肝撕掉筋膜后稍微沥干。鸭肝弄碎一点也没关系，但是一定要把筋膜撕干净，这能最大限度地让鸭肝酱质地细腻。制作鸭肝酱的所有步骤，目的几乎都是一样的，就是让鸭肝酱质地细细细、滑滑滑。

处理好的鸭肝大概还能剩下 200 克，和黄油的用量几乎是 1:1。所以，在准备原材料的时候可以冲着这个比例来准备，其他的材料分量按比例来增减。别因为黄油热量高就减少分量，我试过鸭肝和黄油 2:1 或 3:2 的比例，肝脏的粉质口感就会比较明显，吃起来完全没有想象中的愉悦感。

先把 200 克黄油隔水加热融化，放在一边略微凉一下备用。把切碎的紫洋葱、蒜末、三四片百里香的叶子和酒一起入锅，食材不需要加油来炒，直接用小火烹煮到酒的分量蒸发掉 1/3 即可。这样做是为了让酒精蒸发掉一点，同时让香料的味道融入酒里，作为鸭肝酱风味的基底。

然后用一个料理机或手持料理棒把煮好的香料、酒和沥干的鸭肝一起打碎。紫洋葱和百里香打得不够碎问题不大，鸭肝一定要尽量打成泥状，成品才够细。在打好的鸭肝混合物里加一个鸡蛋，继续打散。然后加盐和黑胡椒，慢慢地一边倒入融化的黄油，一边继续打。加黄油的速度不要太快，尽可能让它均匀地和鸭肝混合物融合在一起。有点起泡没关系，打好之后稍微沉淀一会儿就会消掉。

把打好的泥状混合物分装到小碗或者耐高温的玻璃瓶里，在预热 130 摄氏度的烤箱里水浴大约 35 分钟。所谓水浴，就是在烤箱底层放水，蒸制食物，而且经常是用比较低的温度。这样做出来的食物一般会比较嫩，口感很细腻。我试过把鸭

肝煎熟之后再混合其他食材打成酱的做法，口感没有水浴的做法来得细腻，煎这个动作还是会让鸭肝的质地多少有点变硬。

水浴这个做法，是从以前风靡网络的《小岛老师的舒芙蕾蛋糕》里面学到的，那是我买了烤箱之后做的第一个甜品，操作简单，又不像戚风之类对手法的要求那么严格。水浴后的舒芙蕾放在烤箱里不要拿出来，默默地再焖上一个小时，让它嫩嫩地熟透。然后放到冰箱里冷藏过夜，第二天早上拿出来吃，舀蛋糕的时候能听到“咻”一声，非常美妙。

那之后我就爱上了水浴法，除了鸭肝酱和蛋糕之外，我在煮鸡胸肉、做布丁的时候也会自己加上水浴，可以让它们都变得更嫩。

水浴的时候，烤盘里的水到容器高度的1/2~2/3比较合适，这样既能保持烤箱里的湿度，水也不容易渗到容器里。水浴的时间可能和你的烤箱温度、使用的容器大小都有关系，我用的是直径约9厘米、高4.5厘米的舒芙蕾小碗，如果你用的容器比较大，时间可能要相应调整。我比较喜欢九分熟的鸭肝酱，觉得质地软硬程度刚好，味道也不容易腥。在水浴完成之后用温度计测一下鸭肝酱的中心，在65~70摄氏度就可以，并且成品的中心部分会有点点肉粉色。鸭肝酱熟太过了的话成品会开裂，看起来不美，吃起来也会有点硬，不够绵软。当然如果你喜欢质地偏粉红色的半熟鸭肝酱，可以把水浴时间缩短，这完全看个人口味啦。如果没有温度计，就用牙签插到鸭肝酱中心，看看会不会带出生的鸭肝泥，跟判断蛋糕是否熟透的办法类似。

凉透的鸭肝酱再放半根百里香作为装饰，加一层融化了的黄油，密封之后放到冰箱冷藏。黄油就是鸭肝酱的封层。做好的鸭肝酱一定要过一两天再吃，食材之间的味道融合得更好，风味更佳。如果黄油封层不打开，并且用密封性比较好的玻璃瓶装的话，在冰箱里大概可以保存一个月。黄油封

层打开之后，最好就在一周内吃完咯。

印象中只有在高级法式餐厅才会吃到鹅肝酱配面包。我们用常见的市售鸭肝，也可以做出超细腻的鸭肝酱。它简直是 brunch 必备的小配菜，我用它来抹法棍、抹欧包、抹白吐司，吃的时候少量抹，一口咬下，融化在嘴里，再如此反复。享受每一口的丰腴细腻，以及这个奢侈美妙的 brunch 时光。

周末要咬一口先生，再咬一口太太

原料：

吐司、火腿、奶酪、白酱

原料展开说

- 厚度为 1.5 厘米的白吐司两片
- 熟肉制品的圆火腿或方火腿三片
- 约 50 克磨碎的 Gruyère（格鲁耶尔）奶酪
- 白酱的材料：
  - 普通面粉一汤匙
  - 橄榄油或黄油两到三汤匙，用黄油会更香
  - 牛奶一杯
  - 月桂叶一片，盐和现磨黑胡椒少许
  - 有条件的话可以再加 20 克左右现磨的帕玛森芝士

提到奶酪火腿三明治，你大概会想象出一种吐司片 + 火腿片 + 奶酪片 + 吐司片的组合三明治。当然咯，这种也很好吃，不过我想介绍的是一种更诱人的做法，好吃到让热爱奶酪的法国人为此评选榜单哟！

这种三明治叫作“Croque-Monsieur”（先生三明治），有些地方会译成“咬先生”。它用调味酱（经常是白酱）加上火腿、帕玛森芝士一起入烤箱烘烤，成品奶香浓郁，让人欲罢不能。法国人会时不时地评选一个“巴黎最好吃的‘咬先生’”之类的榜单，来说明他们对于这种三明治的热爱。

作为奶酪控看到这样的三明治真是没法拒绝呀，我做的是“咬先生”升级后的“Croque Madame”（咬太太）版本，同时满足奶酪和单面煎蛋的爱好者。

不用白吐司的话，用其他比较厚的发酵面包也行，但是不要用质地太硬的欧包或有馅料的面包。面包片一定要厚一点，不然在浸泡酱汁的时候容易软烂拿不起来。

格鲁耶尔奶酪在淘宝或进口超市、菜市场都能买到，我是在北京三源里菜场买的，问老板：“有没有格鲁耶尔？”“啊？”老板呆了三秒反应过来，“哦，古老耶啊，有的。”然后就看到他从冰柜里拿出一块和旁边奶酪长得差不多的奶酪出来——当时我对西餐接触得还没那么多，对于庞大的奶酪体系感觉总是一头雾水。但是吃的时候就明显感觉有不同，格鲁耶尔奶酪的特点是口感细腻顺滑，有坚果和蜂蜜的香味。当然啦，如果找不到格鲁耶尔奶酪的话，可以按这个风味换成其他你喜欢的品种。有些菜谱会用瑞士大孔奶酪，看你觉得哪种方便咯。

一般买到的格鲁耶尔奶酪是坚硬的块状，需要自己用刨刀之类的工具磨碎。作为厨房工具控，其实一直想买一整套处理奶酪的工具，奶酪刀啊，小木板啊，范儿足足的。

做“咬太太”的过程说白了就是一个“面包浸满白酱之后，撒上奶酪碎，再入烤箱烘烤，然后盖上一个单面煎蛋”的过程，看似材料复杂，但我只是把很多人可能会有疑问的地方详细说了一下。实际操作并不难，而且每一步都很有盼头，空气里那股一直弥漫着的奶香味简直让人双眼放光。

首先得炒个白酱。

在煎锅里融化大概 20 克黄油，或者直接倒入橄榄油，稍微烧热一些之后放面粉炒到变黄。倒入牛奶，加黑胡椒、盐、月桂叶一起煮到浓稠度比较合适的状态。

因为这个白酱并不是用来做浓汤的，顺滑度的要求会稍微低一些，只要结块不是特别夸张都能接受，不需要太纠结。不过根据我的经验，油热一点、面粉炒散一点，都有利于让白酱变得更顺滑。好的做法一定会有可以通用的部分，如果看到这一段之后能解答你对白酱的一些疑惑，那也很好。

吐司切开之后，其中一面蘸满白酱，然后撒上格鲁耶尔奶酪碎。当然，吐司不切直接蘸白酱也可以，但是这样烤完之后的吐司片会比较软，再切就不太好操作了，所以我习惯先切再蘸。

在蘸满白酱和奶酪的一片面包上码好火腿，然后把另外一片同样的面包盖到它上面。至于放在上面的那片面包，白酱奶酪层应该朝上还是朝下呢?

我做了一个对比：

然后把这两块三明治，都放入预热200摄氏度的烤箱里烤上五分钟左右，烤到奶酪微微融化。

后面的没放鸡蛋的版本就是“咬先生”，它是白酱奶酪层朝下的那一块三明治，烤好后是可以直接上桌的。吐司表面口感酥脆，迷人的酱料和火腿结合得很好，脆——香软——脆的口感也蛮符合预期。看了一下2015年“巴黎最好的‘咬先生’”榜单，冠军作品也是白酱奶酪层朝下的!

我在白酱奶酪层朝上的那块三明治烤好之后，又煎了一枚单面鸡蛋，轻轻地放在上面，做成“咬太太”。戳破蛋黄叉起来吃，蛋黄和奶酪真是绝配，口感好滑哟！我更喜欢这个版本。

所以呢，不一般的奶酪火腿三明治，你想“咬先生”还是“咬太太”？我是“咬太太”支持者，但是家属从来不吃半生的鸡蛋，所以会给他准备“咬先生”。不吃半生鸡蛋的人，旅行的时候在外吃饭还挺麻烦的。尤其是在日本玩儿，别说各种丼（日文，类似我们的盖饭）上面打的是生鸡蛋、寿喜烧用蛋液当蘸酱什么的，就连便利店买个鸡蛋也是溏心的。这么一个小小的人生关卡，怎么就突破不了呢？

SERIE

没有班尼迪克蛋，就不是完整的brunch

原料：

英式松饼、培根、水波蛋、荷兰酱

原料展开说

- 水波蛋原料：
  - 非常新鲜的鸡蛋一个
  - 白醋适量
- 荷兰酱原料：
  - 无盐黄油 100 克
  - 蛋黄两颗
  - 水少许，大概一汤匙左右
  - 盐、黑胡椒各少许
  - 肉豆蔻少许
  - 柠檬汁一小勺

在所有卖 brunch 的餐馆里，我敢负责任地说，菜单上一定会有班尼迪克蛋的组合。英式松饼或者贝果配上几片烟熏三文鱼和水波蛋，最上面淋上现做的荷兰酱酱汁。

我特别喜欢水波蛋一刀切下去的效果，用刀叉切开英式松饼，顺手叉上一片烟熏三文鱼，直接蘸着半流动蛋黄和荷兰酱吃，超级美味！

什么样的水波蛋是成功的呢？首先，水波蛋比较饱满，呈椭圆形，不能太扁塌。蛋白均匀地裹在蛋黄外面，絮状物比较少。蛋黄不会破漏，一戳开就会有饱满的汁液流出来，蛋黄不是凝固状态，但同时蛋白应该是凝固的。先把标准说清楚了，就算自己不会做，出去吃也能吃出所以然来。

各种做水波蛋的菜谱里，强调得最多的就是要用新鲜的鸡蛋。基本上公认的规则是三天之内的新鲜鸡蛋做水波蛋最合适，这是因为新鲜鸡蛋的蛋白比较黏稠，所以在煮熟的过程中蛋白凝固就比较快，絮状物也少，成功率比较高。漂亮的水波蛋，吃起来也是放心的。

那如果鸡蛋不新鲜的话怎么办？先把鸡蛋带壳在水里煮几秒钟再敲开下锅。这么做实在是有点麻烦，所以还是推荐用新鲜鸡蛋啦。

做水波蛋，需要准备一口比较深的汤锅，用尽量多的水，煮沸之后加大量白醋——一定要白醋，拒绝米醋、凉拌醋、山西老陈醋等——醋占整个水量的1/5~1/6。

为什么锅要大、水要深？一是保证水温到位，二是能够保证鸡蛋在煮的过程中不要因太快接触到锅底而碰坏，尽量在还没接触到锅底的时候蛋白就能凝固。在煮水波蛋的水里放白醋和用新鲜鸡蛋的目的都是一个，就是让蛋白能够尽快凝固，否则整个鸡蛋容易散掉。

鸡蛋打在一个碗里备用。不要直接往锅里打！不要直接往锅里打！不要直接往锅里打！重要的事情重复三次，否则鸡蛋会很容易散开。

水烧开并且加了白醋之后，在水中间用筷子不停地搅出一个漩涡。然后把火暂时关掉，在水停止沸腾的那一刹那把放了鸡蛋的碗贴着水面慢慢地倒进漩涡中。

放鸡蛋之前把火关掉是我的个人习惯，不过试试就知道了，就算只开最小火，直接放鸡蛋还是很容易变成蛋花汤。

默数几秒钟，看蛋白有点凝固时，再开小火略煮一下。如果这个时候开最小火，煮四分钟左右。如果不开火的话，就盖上锅盖，让鸡蛋在锅里静置五六分钟焖熟。

然后用大汤勺捞出煮好的鸡蛋，冲洗掉表面的白醋，再修剪掉絮状物就可以了。

接下来做荷兰酱，烧热一锅水到60摄氏度左右，隔水放一个不锈钢锅或者碗，把黄油放在锅中隔水加热融化，融化过程中记得撇去浮沫。

融化好的黄油放在一边稍微凉一下，避免加入鸡蛋的时候一下子把鸡蛋给烫熟了。

把两个蛋黄和水加入另一个不锈钢容器中，同样隔水加热，并同时用打蛋器不断地搅拌到浓稠，打蛋的时候感觉有点微微的凝滞，质感有点像沙拉酱时就可以了。

在蛋黄中加入盐、黑胡椒、肉豆蔻粉和柠檬汁，搅拌均匀。

缓慢地把融化的黄油加入蛋黄中，这一步一定要注意，动作要慢，一边加一边搅拌，不要让它出现水油分离的状态。可以加一点搅拌一下，再加一点搅拌一下，反复多次，直至完成。

吃的时候，把英式松饼切开，我有时候偷懒，直接用面

包来代替。然后再盖上水波蛋，最后淋上荷兰酱就可以了。可以在英式松饼上面码上烟熏三文鱼或者煮过的菠菜什么的，也可以用其他的蔬菜做装饰，颜色会更好看。

作为 brunch 的基本组成元素，会做水波蛋和荷兰酱实在是不可或缺的技巧呀。除了水波蛋和荷兰酱这种 CP（配对）之外，其实这两个单品分开也都很百搭。我还做过：

水波蛋 + 用黄油炒过的口蘑

水波蛋 + 炒过的嫩菠菜（baby spinach）

水波蛋 + 切片的牛油果，磨一点黑胡椒撒在上面

荷兰酱 + 煎或煮过的芦笋

荷兰酱 + 煎或烤的三文鱼块

每一个都非常好吃。

家中常备一点存粮

从写公众号的第一天开始，就特别容易被问到两个问题：

“你不上班吧？”——“我不但上班，还老加班呢。”

“平时买菜不方便，只能周末采购，那食材怎么保存比较好呢？”这真的是困扰大部分上班族的问题，我感觉这个问题可以详细地说一说。虽然我一直提倡简单快捷的早餐做法，但下厨房本身是一个细心的活儿，我们不妨享受这个细致的过程，也是生活的一种乐趣吧。

上班族如何保存食材

以我自己的使用习惯来说，我觉得保存食材最不可替代的三种工具分别是：保鲜膜、厨房纸巾和密封玻璃罐。至于其他的保鲜袋、珐琅盒、各种乐扣或特百惠盒子，都不算必备工具，你可以根据自己的习惯来更换使用。

保鲜膜

大部分食材在放入冰箱之前，我都会用保鲜膜或者保鲜袋来包一下。一方面隔绝空气，另外一方面因为冰箱里面湿度比较低，稍微包一下可以帮助食材保留本身的水分。腌制的食材或剩菜放入冰箱之后，也可以在碗盘上盖个保鲜膜，避免串味儿。

我爱用保鲜膜多过保鲜袋的原因是，保鲜膜尺寸更大更灵活。不过这都看你自己的习惯，爱用什么用什么，无所谓的。如果选用保鲜袋的话，尽量选择密封性比较好的，保鲜效果更佳。

厨房纸巾

厨房纸巾在我手里的用法是平衡食材中的水分。如果某个食材比较需要保湿，可以把厨房纸巾浸湿，然后包覆食材。如果食材需要干燥，那就用厨房纸巾吸吸水。

密封玻璃罐

对于一些密封要求比较高，或者气味比较重的食材，比如咸菜什么的，我会用个玻璃材质的密封罐子来装，保存起来更卫生。

我爱用的品牌是 Weck（德国品牌），各种尺寸都有，用起来很灵活。密封圈和不锈钢扣子扣上之后，借用 DQ（冰雪皇后，冰淇淋品牌）的广告语那就是：倒杯不洒。而且样子也蛮好看的，摆在冰箱里看着舒服。

蔬菜的保存最头大

蔬菜买回来之后，首先要摘掉已经腐败的部位，比如绿

叶蔬菜的烂叶子，这就好像智齿，留着的话很容易带坏其他的牙齿。然后不要切，不要洗，切过的刀口容易氧化，洗了的话水分过多反而容易腐烂。

热带蔬果就不要放冰箱了，还有其他一些冰箱保存的特例，也是自己慢慢摸索出来的：黄瓜放冷藏容易烂掉，放零摄氏度保鲜倒是可以保存几天；西兰花放冷藏特别容易变黄，放零摄氏度保鲜稍好一点；罗勒叶放冰箱比常温放置坏得更快……

需要水分的蔬菜，比如各种叶子菜，没有水分就会干掉，水分太多了又容易腐烂。我一般会先用厨房纸巾吸掉叶片上多余的水分，然后用保鲜膜包紧，最后用厨房纸巾浸一些水，贴在蔬菜的根部，有点鲜花插在水里的意思，让植物可以从根部补充水分。

对于不太需要水分的蔬菜比如紫苏叶子，水分多了反倒容易腐烂，也不像生菜一样有根部可以吸水来保鲜，那就尽量让它保持干爽吧。仍然是先用厨房纸巾吸干水分，然后换一张干的厨房纸巾垫在保鲜袋底部，紫苏放上去之后，把保鲜袋打结密封好，这样如果还有水分渗出的话，也能被厨房纸巾吸掉。如果中途发现有腐烂的紫苏叶子，可以挑出来扔掉。

紫苏什么的，因为我做湘菜比较多，所以会经常用到，

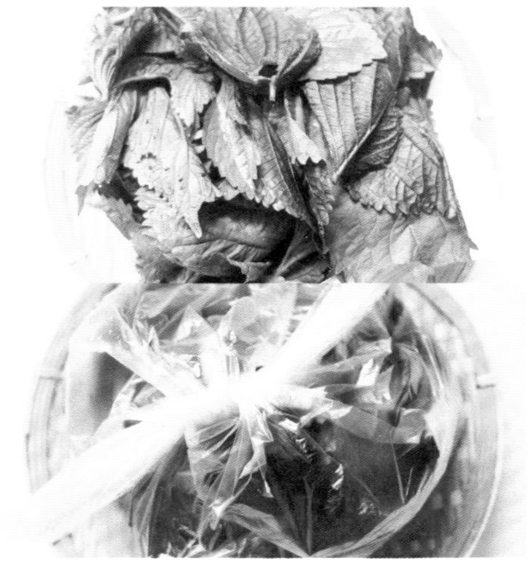

但又不是很好买。好在好好保存的话，放三周左右没问题，所以碰到了就放心大胆地买一大把。其他有些蔬菜如果也是这样的特性，可以一样处理。

那蔬菜能冷冻保存吗？经常听到的一种说法是："蔬菜冷冻保存完全不损失营养。"但是我试过很多种蔬菜，如果是水分含量比较高的叶子菜，冷冻之后再解冻口感差异还蛮大的。也试过把小葱切好之后冷冻保存，每次不解冻直接使用倒是很方便，但是完全不香了，会损失味道。

特别适合冷冻保存的蔬菜是各种豆子，比如蚕豆、豌豆，剥好之后放到保鲜袋里冷冻，使用之前也不需要解冻，直接入锅就行。

肉类、奶制品和其他含有油脂的食材

新鲜的肉买回来之后，我会分成小包装冷冻起来，在吃之前提前半天放到冷藏柜让它慢慢解冻。不要泡在水里解冻，细菌滋生太快。而大部分奶制品可以在用保鲜膜包好之后放零摄氏度保鲜，但是像奶油奶酪就特别容易坏，需要注意保存日期。硬质奶酪稍微好一点，心里没数的话可以贴个日期标签在包装袋上。油脂含量比较高的食材比如坚果、糙米等等，也

PRÉSIDENT
Light
10
PHILADELPHIA
Cream Cheese
PHILADELPHIA
OPEN HERE

应该放进冰箱而不是常温保存，免得放久了有油哈喇味儿。

最重要的是，冰箱要尽可能地经常清理，要一眼看得到所有的东西，这样塞在角落里的食材就不容易因为被忘掉而放太久。

主食的保存

这些主食都可以冷冻：面包、馄饨、饺子、烧麦、米粉、面条……用家属的话说："认识你之前从来不知道面包和米粉可以冷冻……"嗯，但是事实上冷冻主食确实非常方便。

主食保存里最大的误区可能就是面包的保存，很多人习惯把面包放冷藏保存，殊不知这样会导致面包老化而口感变差。

烤好的面包如果能在一两天之内吃完，那就用保鲜膜或者保鲜袋包裹密封好，避免水分流失，不包好的话面包容易变干。注意要凉透了才能做密封处理，否则容易长霉。如果需要长时间保存的话，在面包凉透密封后可以放冷冻柜冻起来。如果面包是带馅料的，可能不适合放冷冻柜的，那么就常温储存，快点吃完吧。

冷冻过的面包在吃之前如何处理？最省事儿的办法就是提前一晚拿出来自然解冻，早上直接吃。对于希望是脆皮口感的欧包来说，我会把烤箱预热到 220 摄氏度左右，在面包表面喷水，然后烤五分钟，面包就能恢复表面的脆度啦！不过这种冷冻过的面包最好不要再次冷冻了，会影响口感。

其他的主食，我的处理原则也类似。一两天之内能吃完的就冷藏，短时间内吃不完的可以冷冻，大部分在用之前不需要提前解冻。

蔬菜、肉类、奶制品、主食，各种食材都可以在周末大量采购，配合适当的储存方式，和现在流行的生鲜电商购物，再加上家里附近的一些小菜摊，应该能解决大部分上班族的困扰吧。

除了储存各种食材之外，趁着周末的各种闲暇时间，我还会做一些简单的存粮作为储备。各种主食、各种酱、各种油。在不知道吃什么的工作日早餐时间，它们就是拯救你的法宝。

烤一大盘燕麦，随时当早餐

原料：

燕麦片、干果、水果干

原料展开说

- 即食燕麦片 100 克
- 各种干果和水果干加起来 100 克，我用了 20 克南瓜子、20 克开心果仁、20 克核桃仁、20 克葡萄干和 20 克蔓越莓干
- 椰丝 20 克，稍微提一点甜味，可以省略
- 盐 1/4 茶匙，肉桂粉 1/2 茶匙
- 枫糖浆适量，牛奶或酸奶一杯，都是上桌后配着吃的

香喷喷的综合烤燕麦，无糖无油，加一点花样坚果和水果干，吃起来又脆又甜，配牛奶或酸奶就是一份美好的早餐主食。一次可以做上一大盘，如果不是忍不住当零食偷吃的话，密封存放个把月都没有问题，简直是忙（懒）人的福音。

是的，本篇要介绍的就是 Granola（综合烤燕麦），你大概已经听过它的名头，但是市面上出售的大部分综合烤燕麦其实都不是想象中的健康食品。看看成分表，很多都有比例不低的糖分和油脂。我倾向于做更健康一些的无油版本，吃起来比较没负担。

综合烤燕麦的主要原材料就是麦片，事实上传统燕麦片（old fashioned oats）的纤维含量会更高，也更健康，但是传

统燕麦片需要久煮，不太适合用来做综合烤燕麦，只能选即食型燕麦，牺牲一点膳食纤维了。干果一定要选烘焙用的原料，如果用已经烤过、调过味的干果容易烤得焦苦。而且最好买去皮的，口感更佳。至于水果干呢，那就尽可能选本身比较湿润饱满的，葡萄干、杏干这种就非常合适，蔓越莓干我就觉得有点太干了。

你看这个原材料我给的分量都是按克数计。有时候会碰到妹子问："为什么我做的这个蛋糕 / 面包 / 甜品不太成功呢？"一问起来有一大半的原因是因为没有按照配方的比例来。西点尤其是烘焙甜品，各种材料的配方其实都是有说法的，如果不是特别清楚的话，不要随意增减。综合烤燕麦已经算是比较随性的简单烘焙了，原材料大概按比例就行，做面包蛋糕的话，盐、糖、酵母多一点少一点其实都对成品影响很大。

称量好所有的原材料，把除了椰丝之外的材料用料理机稍微打碎一下。但是不要打得特别细碎跟粉末一样，这样会太没口感，而且烘烤的时候容易煳，稍微保留一点颗粒感会比较好。

我是用料理机打的，手持料理棒在这个步骤里面反而没

有高速料理机适用，坚果太硬水果干太软，打起来没那么顺畅。可能会需要马力比较足的料理机配上专用的打碎头来处理，否则可能会出很多坚果油。

如果你说家里什么打碎的工具都没有，能不能不处理？当然也行，不过口感会受影响，这一堆东西体积和表面积都太大了，稍微处理得细碎一点有利于烘烤出食材的香味和脆度。没有适当工具的话，我建议还是把干果和水果干用刀稍微切碎一下。

在打碎的各种干货中，加入椰丝、盐和肉桂粉，在平底锅中用最小火慢烘。

保持最小火，勤翻，过七八分钟的时间，让谷物和干果的香气散发出来，在明显能看到食材变得有点焦黄的情况下就可以关火了。注意是焦黄，不能煳，煳了就苦了。

比较一下下一页两个步骤图的颜色，也可以看看我拨开的位置，烘到什么程度很明显吧？

这就做好了！成品又香又脆，尤其在刚烤好的时候，坚果和麦片的香味简直诱人。吃的时候可以搭配枫糖浆和牛奶/酸奶，枫糖浆的黏度可以让原本的燕麦混合物变得稍微黏稠一些，然后泡点牛奶或酸奶来吃。刚烘好的燕麦混合物，配上凉的奶制品，口感最棒。

如果没有平底锅想用烤箱来做，也可以。烤箱预热到大概 180 摄氏度烤五分钟，然后略微翻动一下再烤五分钟就差不多了。但是因为材料非常细碎，我自己更偏好用平底锅来做，可以翻动得更频繁一些，也方便观察烘烤的状态。另外，没有泡过液体的葡萄干直接用烤箱烤，成品会变得很松，好像充了气一样，味道也容易变苦。

这一份烤好的综合麦片大概 220 克，可以吃两三次。放

到密封的干净罐子里，还可以保存一个月以上。凉透的当然没有刚烤出来的那么香，不怕麻烦的朋友，也可以前一天晚上把材料准备好，第二天直接上平底锅。

不知道是不是我的错觉，总觉得如果对某种食物的定义是“这是个好东西”，很多人就会延伸出“那可以多吃点”的结论。酸奶是个好东西，多吃点；水果是好东西，多吃点；肉是好东西，多吃点。其实正常人一天能消耗的热量能有多少呢？加上大部分上班族最大的运动量大概也就是赶个公交，说真的，算一下是不是吃太多了？就算是200克无糖酸奶——我都不跟你算什么桶装的大果粒，你不是觉得那个吃起来才过瘾吗——热量也有几百卡路里呢。

比如这个综合烤燕麦片！千万不要因为没有放糖或油，就低估了它的热量，拿来当减肥主食吃。它是健康主食，但是不适合减肥人群，坚果和水果干的热量还是比较高的，吃的时候要“hold”（把持）住。

但是我如此理智的时刻，仅限于自己待着的时候。碰上苦劝我吃东西、觉得我不管什么样都还有20斤体重空间可以上涨的爸妈，我也是没有任何办法。

TODAY'S
SPECIAL
TODAY'S
SPECIAL

熬一罐葱油，就能随时吃葱油拌面啦

原料：

小葱、大料、紫洋葱

原料展开说

- 香料：八角两颗、桂皮一片、花椒十几粒、香叶几片
- 紫洋葱一个
- 小葱约一斤

任何美食如果要闻着香、吃着好吃，复合型的香料是不可少的——所以很多人觉得地沟油好吃咯，因为炒过很多菜了，“味道比较足”嘛——总是觉得自己做菜不够味道的同学，除了葱姜蒜之外再考虑放点别的试试看？比如有些辣味小炒，你以为辣就是一种辣椒而已吗？很可能是好几种干辣椒、鲜辣椒、野山椒什么的一起用呀。

这个道理应用到葱油里面，就是可以用其他的香料来一并给葱油提味。当然直接用小葱炸油也会很好吃，但是味道层次就少一些啦。

一个非常好用的熬葱油配方，强烈建议找个周末抽一个小时的时间做一罐。以后的半年时间里，不管是葱油拌面、葱油汤面、葱油煮豆腐拌凉菜，都是又香又好吃的呀。

把小葱提前几个小时或提前一晚洗好，充分沥干，这是为了防止在熬葱油的时候因为小葱里水分太多而溅油。

经常碰到不太愿意下厨的妹子，询问原因，好多都是因为“很怕油溅到身上”。妹妹们，水要控干啊！尤其是炒青菜的时候，青菜洗完都不沥干水，直接就往锅里倒，油不溅你溅谁？像我这种和锅、油、火已经完全混熟了的人，就觉得菜下锅时的“哧啦”一声很性感。

锅里倒入大量油，可以用你准备用来装葱油的容器量一下。放入八角、桂皮、花椒粒和香叶，保持中火，熬到香料都稍微上色——这是复合香料的香味来源第一层。

再把切成丝的洋葱加入锅里，保持中小火。一直熬到洋葱发蔫儿——这是复合香料的香味来源第二层。大部分人做葱油都是直接用小葱，多用一些香料再加一个洋葱来熬，香味会复杂悠长很多。

把以上香料全部捞出，加入洗净沥干的葱段。这就是真正的熬葱油阶段了，一直熬到葱段变得焦黄就可以了。

最后把熬好的葱油凉一下然后装瓶，密封之后放到冰箱冷藏。取用的时候使用干净无水的勺子，这样保存半年都没有问题。

我常做的一道菜就是葱油拌面。做法很简单，把面条煮好后尽量沥干，然后加上一勺葱油、比葱油略多一点的生抽，以及一小撮白糖拌匀即可。喜欢有点汤水的，当然也可以做成葱油汤面。做法可以参考《嗍一碗“fúlán”米粉》的汤底和调味部分，只是把普通的香油换成葱油，就是另外一种风味啦。

我自己在家做菜的时候，很注意“复合型香味”和“复合型辣味”。比如炒一些湘菜小炒，除了姜、蒜之外，辣椒可能会放三种：主要用来提辣味且颜色鲜艳的红色小米椒、不太辣但是可以作为主要配菜的绿色尖椒以及酸辣口味的野山椒。再加上其他的比如酸豆角、干萝卜丁、外婆菜之类的配菜，每样取一点点，炒个肉末就好吃得不得了。要说这做法有什么特别？完全没有呀，就是材料多，材料多味道就足。每样食材都发挥它们的长处，菜就能做得很好吃了。

有好几次在知乎或微博看到类似的提问：“为什么我做的菜都是一个味道呢？”我想说，那多半就是因为从来没有变化过配料吧。不同的配料风味不同，不同的配料搭配在一起风味又不同，根据不同食材搭配出来的复合型味道才是最迷人的。

做一罐不变色的青酱

原料：

罗勒叶、松子、芝士、橄榄油

原料展开说

- 罗勒叶一大把，约 500 克
- 松子一小撮
- 现磨的帕玛森芝士约 15 克
- 特级初榨橄榄油
- 盐和黑胡椒（可以暂时不加）
- 蒜瓣（如果制作的青酱分量较少的话也可以不加）
- 一大碗冰水

青酱是西餐里的基础酱料之一，做法也很简单，就是打酱嘛。但是最重要的原材料罗勒不好买，买回来也不好保存，两三天不用就容易变黑。如果把罗勒买回家就立刻打酱，又好像完全不是那么回事儿——为什么刚打完的青酱马上就变黑了？

罗勒是一种非常容易氧化的食材，在做青酱的时候我们要好好保护它。用一些比较巧妙的方法，可以一次性做很多青酱，并且让它在很长一段时间内保持不变色。

先烧开一锅水，滴几滴橄榄油，然后把罗勒叶放进去快速焯烫一下。马上捞出来、沥干、浸入冰水里。加橄榄油来焯烫和浸入冰水，都是为了保持罗勒叶的青翠颜色。

其实很多青菜都可以这么处理，在餐馆里吃到的“白灼芥蓝”“白灼菜心”什么的，都在加了油的沸水里焯烫过。青翠的叶片上薄薄地挂上一层油膜，看起来颜色就会美很多。罗勒是特别容易氧化变色的食材，除了焯烫之外，加一个浸泡冰水的步骤能够加强锁色效果。是呀，其他的青菜可以直接上桌就吃，所以不需要过冰水这一步。

烧水的同时可以另外起一口煎锅，不用放油，开小火把松子炒香。注意时不时地翻动一下，不要炒煳。

然后把焯好的罗勒叶、松子、现磨的帕玛森芝士、特级初榨橄榄油一起用手持料理棒打碎即可。一般家庭一次制作的青酱分量不会太多，可以在酱料里面加一个小小的蒜瓣。如果觉得蒜味过重的话，不加也可以。

打到最后那张图的程度就可以了。

把打好的青酱装到一个密封的玻璃罐里面，尽可能地装满。在青酱表面再淋上一层橄榄油，起到类似封层的效果，放到冰箱冷藏柜密封保存。这个办法可以把青酱保存大概一周，超过这个时间的话还是会慢慢氧化。

每次取用的时候，你会发现表面的橄榄油封层在慢慢被

青酱吸收，渐渐不存在了。建议每次取用之后，再加一点橄榄油来封层。如果想保存更长时间，不妨试试冷冻。但是考虑到帕玛森芝士冷冻会引起味道上的变化，所以准备冷冻的青酱里面，就暂时不要加帕玛森芝士了。

青酱都怎么用呢？

青酱意面绝对是首选。在一只比较大的汤锅里烧开水，加一大勺盐，把或细或宽的直意面（更适合搭配青酱）放进去煮，注意煮意面的时间要比意面包装上说明的时间少两分钟。煮好的意面捞出来沥干，和适量青酱、一小碗煮意面的水一起放入煎锅里充分混合，让青酱的油脂彻底乳化，均匀地裹在面条上就可以了。

青酱也可以用来拌沙拉或者炒鸡蛋。将洗净的沙拉类蔬菜充分沥干水分，撒少许现磨海盐和黑胡椒，再淋一点青酱就可以了，比大部分市售沙拉酱来得健康，风味也比较独特。青酱炒蛋的方法可以参考《美式炒蛋柔软嫩滑，无法细嚼》那一篇，只是调味料多了一个青酱。另外，因为青酱本身的油脂已经比较丰富了，炒蛋的油要稍微少放一点。

置办一桌家常宴客菜

一直以来经营最多的是一人份或两人份的小餐桌，平时做个两菜一汤了不起了。虽然感觉自己在厨房的动作挺麻利，但更多的是因为菜式又少又简单吧。想想每年负责年夜饭的爸妈，要做十来个人分量的一大桌子菜，每次都要提前好几天来准备各种菜呢。

第一次真正在家宴客，是招待家属的大学室友，前一天他们从外地赶到北京参加我们的婚礼。在租的小屋里，做了个麻辣小龙虾和几个湘菜小炒。厨房很小，简单的两个灶头，但是在煮虾的时候洗洗切切，一桌子好菜好像也没费太多时间，特别长脸！

从那以后就对家宴这事儿不犯怵了，后来做得多了，可以越来越肯定，和做早餐一样，做家常菜甚至办家宴一点都不难。

不过，如果是平时比较少做饭的人，一下子要做好几个菜来招待朋友，确实会觉得有点手忙脚乱。明明都是平时练得很熟练的菜式呀，但是好几个菜一起上就特别容易丢三落四，做出来的菜也失了水准。不不不，不用解释说你平时做的要比这个味道好呀，太苍白了。

首先呢，做家宴的时候少做自己不熟悉的菜，本来人多了就容易手忙脚乱，不熟悉的菜式更容易忙中出错。写了几个中西式正餐的做法在后面，都是好吃又好做的菜，平时没事儿可以多做做看呀。多练手！多练手！多练手！重要的事情还是要说三次。

除了熟能生巧之外，还有其他几个家宴小贴士说给你听。

尽量利用家里所有的灶头，煤气灶、电饭煲、电高压锅、烤箱都算。鸡蛋不要放到一个篮子里，菜也不要只用一个灶头做出来。多个工具一起用，大部分菜的出锅时间就比较好掌握，不会出现“最后一个菜上桌，第一个菜已经凉透”的情况。

家宴的菜式总数可以是总人数加2左右，比如一共6个人吃饭，做8~9道菜都是可以的，具体就看每道菜的菜量了。但是我建议菜量不要太多，这样才显得精致。菜量小一点也容易吃光光，比较有宾主尽欢的感觉。

凉菜和热菜、费时间的菜和快手小炒、荤菜和素菜要搭配着来。凉菜可以提前准备，省很多时间，而且一边吃凉菜一边喝酒会有暖场的作用。费时间的焖烧菜式不要做太多了，掌握不好时间，跟快手小炒搭配着来比较好，风味也比较多元化。

每道菜需要的配料可以事先列一个清单，免得有遗漏，清单的细节可以明确到葱、姜、蒜、辣椒，甚至调料的使用上。同一个菜同时入锅的配料，比如一道菜里面需要蒜片、姜片和辣椒丝，可以放到一个小碗里，这样炒菜的时候也不容易手忙脚乱。

最重要的是，做菜要有时间管理的技巧。时间管理说难也难，说容易也容易，其实就是要知道每一个菜的每个步骤应该做什么了，能同时游刃有余地处理好几件事情。我甚至经常一边做菜一边收拾，做完菜之后灶台上也是干干净净的。当合理安排时间成为一种习惯后，你会发现自己原来可以做这么多事情。

中式宴客菜单

这是一份适合 5~6 个人的菜单：

凉菜：擂辣椒皮蛋

三荤两素的热菜：台式三杯鸡、蜜汁叉烧、腊肉蒸玉兰片、麻婆豆腐、农家青菜糊

一汤：小黄鱼小馄饨

擂辣椒皮蛋

原料：

皮蛋、辣椒

原料展开说

- 皮蛋两个
- 蒜瓣三四瓣，剁辣椒一勺，盐适量
- 蚝油、老抽、香醋各一小勺
- 香油少许
- 关键的辣椒部分：
    - 出于方便考虑，可以买尖椒六七根
    - 我个人比较喜欢用螺丝辣椒，肉质好
    - 如果比较嗜辣，也可以选非常细长的美人椒，会辣很多

就着什么菜能吃下两大碗米饭？对于湖南人来说，擂辣椒皮蛋算是一个。它既是凉菜也是下饭菜，辛辣开胃，下酒或者配米饭都不错。就这么一碗看起来糊糊状的东西，要说卖相，真是谈不上。但是吃过的人就知道，这真是入味又好吃的一碗菜，堪称下饭神器。

我蛮喜欢在家宴的时候做这道菜，端上桌可能就会引起一番讨论。到底是黑暗料理还是让人惊艳的开胃小凉菜，尝了就知道。宴客的时候有一些没吃过的东西，也有一些说头。是的，吃饭总得聊点什么吧，饭桌上的菜也是谈资呀。

擂辣椒皮蛋其实并不是一道省时间的菜，好在可以提前一晚准备，所以也不是太费事儿。而且凉菜什么的，放了调料之后在冰箱放置几个小时，还会更入味。

擂辣椒皮蛋关键的材料就是辣椒和皮蛋。皮蛋倒是好说，擂辣椒皮蛋里面用到的辣椒我是会好好选一选的。我比较喜欢螺丝辣椒，转着长的这种辣椒，肉质会比北方常见的尖椒来得薄，风味上香多于辣，吃起来不那么烧胃。这个在北京不太好买，可能一个菜市场问过五六个蔬菜摊位也就一个摊位有的卖。

南方的辣椒品种要比北方多很多，螺丝辣椒和扯树辣椒都是我的最爱，它们都是香而不辣的好辣椒。扯树辣椒每年十一月左右上市，是本地辣椒的最后一茬。所谓“扯树”，就是这一茬辣椒树要被扯掉啦，是最后一拨，然后漫长的冬日只能靠外地辣椒来度日了。这么说起来，扯树辣椒其实并不算是独立的一个类别，应该指的是所有被扯掉的辣椒树吧。大概长图上那样，细细小小的。

这是我一个朋友在扯树辣椒的季节里，买了好几斤给快递过来的。辣椒不耐储藏，收到这么一箱子好东西之后，把

已经有点烂的挑出来扔掉，剩下的用厨房纸巾吸吸水，晾晾干。吃之前切成碎末，配上浏阳豆豉和一整头切碎的大蒜一起炒香，好吃得不得了！

在没有各路亲朋好友给寄扯树辣椒的季节里，擂辣椒皮蛋就是我们家的保留菜式，为了它我准备了一个擂钵。

网上搜一搜“擂钵”，二三十块钱，随便挑一挑就好。找那种纹路比较清晰、碗底比较深的，研磨起来会比较方便。

至于你说没有擂钵怎么办啊？能不能用刀切啊？最好还是不要。擂菜的魅力就在于“擂”字，就是把食材各种捣、

各种碾压，各种弄得不成形状。那些不规则的切面和甚至已经被擂成泥状的食材，就是充分吸收调料味道的完美载体。而且少了金属刀具的切割步骤，食材也不容易被氧化。

擂钵是值得买一个的，你会发现以擂辣椒皮蛋的好吃程度，这个擂钵会是你的爱用品之一。

做擂辣椒皮蛋得提前处理辣椒和皮蛋。因为我比较喜欢实心的皮蛋，所以会提前把皮蛋放锅里再煮五分钟，煮到蛋黄变踏实，然后泡凉水，等凉透之后剥壳。如果你喜欢流黄的皮蛋，那就不需要这一步了。

辣椒洗干净，掰开去籽，放在烤网上烤到表皮发焦。烤好的辣椒稍微放凉一下，把烤黑的最外层表皮撕掉，略微冲洗一下备用。没有烤网的，这一步可以用烧得非常热的铸铁锅或煎锅来代替，锅里放点油可以把尖椒煎到“虎皮”状态。

然后把处理好的辣椒、皮蛋、蒜瓣和除香油之外的所有调料，一起放入擂钵里面使劲儿“擂”，就“擂”碎啦。

“擂”的目的是让食材变碎，彼此融合在一起。我保留了一些食材的形状，你喜欢的话甚至可以把它“擂”得更碎一点，捣成泥都没有问题。

这道菜可以提前一晚做好放冰箱冷藏，吃之前直接滴几滴香油就可以上桌啦。

在时间永远不够用的家宴准备里，一定要有这种可以提前预备好的菜式。

台式三杯鸡

原料：

鸡琵琶腿、黑芝麻油、台式酱油、台湾米酒

原料展开说

- 鸡琵琶腿两根去骨头
- 老姜几片，蒜头几瓣拍碎
- 黑芝麻油约一瓷勺，台式酱油约一瓷勺，台湾米酒一杯
- 白糖一茶匙
- 红辣椒两根切段，九层塔一把洗净备用

小时候过年，轮到由爸妈负责一大家子年夜饭的时候，大年三十从早到晚，家里的各种高压锅、汤锅都会被利用上来做红烧和炖煮类的菜。红烧类的菜式永远是宴席上必不可少的，一般红烧的都是肉荤，也是家宴上的主角。

年纪大了之后吃腻了各种大肉，不管自己家做饭还是招待客人，都已经很少见到大肉了，鱼、鸡、半荤半素的菜式在餐桌上更受欢迎。这个台式三杯鸡的做法倒是适合大部分能用来红烧的肉类食材，只需要根据不同口味换调料就好了。至于三杯鸡本身，本来煎到焦脆的鸡皮被焖得软软糯糯，鸡肉鲜嫩，有麻油和各种香料的复合香气，口味微辣又微甜，非常好吃。而且三杯鸡精致小巧不油腻，会是家宴上非常受欢迎的一道菜哟。

黑芝麻油、台式酱油和台湾米酒不需要太纠结买什么牌子的，找各种“台湾”两个字打头的就可以。不过建议尽量不要用普通芝麻油、酱油来代替，风味差挺多的。黑芝麻油和我们常备的芝麻油（香油）用法不一样，常用来直接加热炒菜，香气非常浓郁。台湾酱油上色偏棕色，味道咸鲜带一点甜，和我们常用的老抽、生抽都不同，菜里用过后一般就要减盐甚至不放盐了。而台湾米酒度数不高，但是去腥效果很不错，这个也是我家常备的。

九层塔和罗勒是两种食材，从外观上看，九层塔的茎部有点偏红，叶子比较扁平，有一点锯齿。风味上，九层塔味道会更浓郁一些，而罗勒偏甜。一般台湾菜、东南亚菜用九层塔比较多，西餐用罗勒比较多。但是相对来说罗勒好买一些，买不到九层塔的话，用罗勒代替也没太大问题。

鸡腿去骨洗净擦干之后，轻轻在肉上划上几刀，但是不需要划到皮。然后在煎锅里倒非常少量的油，把鸡皮朝下煎到金黄，中途不需要翻面。

鸡肉上划几刀是为了让鸡肉和鸡皮受热之后不至于收缩得太厉害，仍然能保持相对平整。我有时候也会把鸡皮完全

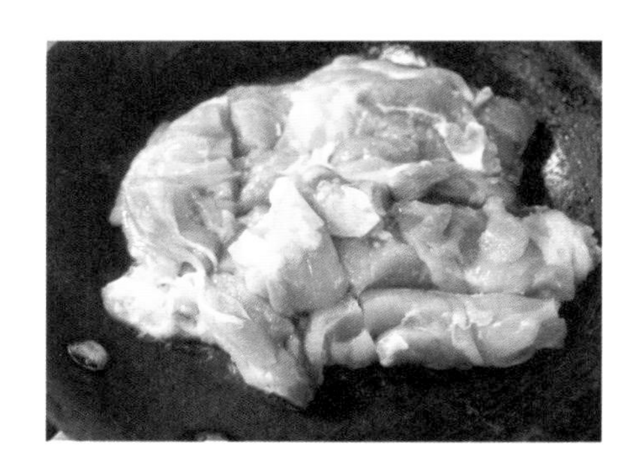

去掉之后再切鸡肉块，但是留一点鸡皮会让成品香很多，因为有荤油的作用嘛。那既然有荤油更香，为什么又要先把鸡皮煎到金黄呢？等你煎好之后就会发现，煎完的油有小半碗那么多，如果这些油都留到最后的话，这道菜就太腻啦。平时不管做家常菜还是招待朋友吃饭，我都很注意不要做得太腻，这不光是为了健康着想，更因为清爽不油腻的菜式才有胃口吃得更多呢。有一次和朋友讨论肥肠的菜式，餐馆的肥肠其实很容易有肥油没摘干净的问题。有些人认为“这才是肥肠该有的味道”，然而我俩都不这么觉得。荤油容易腻，内脏本来就质地肥厚，脂肪含量高，如果不把肥油处理干净的

话，不管味道多好，吃几口都容易腻。

鸡肉煎到图上那样就可以出锅了。

把两块煎好的鸡腿都切成大块备用，不要切太小，焖煮的时候会缩水的。我经常一边切一边想，煎好切好的鸡腿简直像广式烧腊一样诱人。

在铸铁锅或保温效果比较好的砂锅里面，倒入大概一瓷勺黑芝麻油，烧热之后爆香姜片和拍扁的蒜头。是的，把传统三杯鸡做法中的一杯麻油变成了一瓷勺，加上鸡肉本身的油脂，这个程度的油分已经足够了。

另外黑芝麻油真是非常香，再混合姜片和蒜头的香味，啧啧啧。话说姜片我是不怕多放的，这道菜最好吃的部分就是姜片嘛！

再倒入刚煎好的鸡块，加一茶匙糖，一瓷勺台湾酱油和一杯台湾米酒，盖上锅盖焖煮。如果用的是台湾酱油，基本上已经不需要放盐了，真的用原配方的一杯酱油的话可能会太咸。如果实在买不到台湾酱油想用老抽来代替，那么稍微减一点量，避免成品上色太深，而且因为老抽咸度不够，需要放一点盐来增加咸味。我建议米酒还是不要替换掉，用料酒或清酒的风味还是差挺多的。

大火烧开之后转中小火，焖 20 分钟左右。开盖之后再撒辣椒段和九层塔，尝尝咸淡收个汤汁，就可以出锅啦。开盖之后再撒辣椒段就不会太辣，如果是嗜辣的人，可以在爆香姜片蒜瓣的步骤里面就把辣椒加进去，辣味会更完整地渗透到鸡肉里面。

我发现很多人平时做菜水准不错，但是同时处理的菜太多的话就容易手忙脚乱，最容易忘记放某一味调料。像三杯鸡这样的菜式，调料什么的都比较固定了，不妨早早按比例混合好，到时候直接一大碗倒入锅里，再忙也不怕。

蜜汁叉烧

原料：

梅花肉、叉烧酱、蜂蜜、南乳汁

原料展开说

- 梅花肉一块
- 李锦记叉烧酱、南乳汁、蜂蜜的比例大概是 2:1:1

家里做叉烧的时候比较少，还是在外面餐馆吃的时候多。其实叉烧是一道非常简单甚至堪称零门槛的菜，特别适合在家宴上一显身手哦，也是家宴里的一道“大菜”。

烤蜜汁叉烧利用的“灶头”是烤箱，一般设计一桌中式家宴，用到烤箱的时候不会太多，而我特别喜欢把这种空闲的灶头利用起来，让菜单的想象空间更大。

叉烧如果腌制时间太短的话会不入味，所以一定要记得提前三天左右就把肉腌上。烤叉烧的过程本身不太费事儿，算准时间把烤箱预热，预热好了之后放入肉，利用烤箱自己的定时器来进行刷蜂蜜之类的操作，省事又省心。做好的叉烧也别着急从烤箱里拿出来，利用烤箱本身的温度温着，避免太早上桌凉了。

腌制叉烧一般用“梅花肉”，“梅花肉”又叫“梅头肉”，是猪肩胛附近的肉，肉质很嫩，大部分是瘦肉，但是又夹了一些美妙的肥肉花纹，非常适合烤着吃。它不仅不容易烤老，而且有适当的油脂让它口感更好，非常好吃。

如果买不到梅花肉，可以用猪颈肉来代替，也是瘦中带肥的口感。如果梅花肉和猪颈肉都找不到，又实在想吃，那就只能再退而求其次，找一块瘦一点的五花肉来做吧。但是五花肉的肉质是肥瘦相间的，我觉得偏腻，不太喜欢，不过这是港式茶餐厅里“肥叉”爱好者的菜。但一定不能用里脊肉来代替，太瘦了，烤完之后会很柴，烤肉是需要脂肪的。

做叉烧当然少不了叉烧酱咯，网上也有一些自制叉烧酱的配方，我觉得没必要这么折腾，买个成品就可以了。“李锦记”和“海天”都有，我个人比较偏好“李锦记”。

腐乳汁推荐“鼎丰”的，我觉得比“王致和”的味道好一些。买罐装腐乳自己压碎当然也可以，不过南乳汁直接就是液体状的，用起来比较方便。不能用白腐乳代替，上色会不够。

蜂蜜就不需要解释了，也可以用枫糖浆或者玉米糖浆来代替。如果你喜欢蜜汁叉烧的口味偏甜一点，那可以多加一些蜂蜜。所有调料混合后的分量以能够均匀地淋在肉上，并且还有一点多余的汤汁为准。

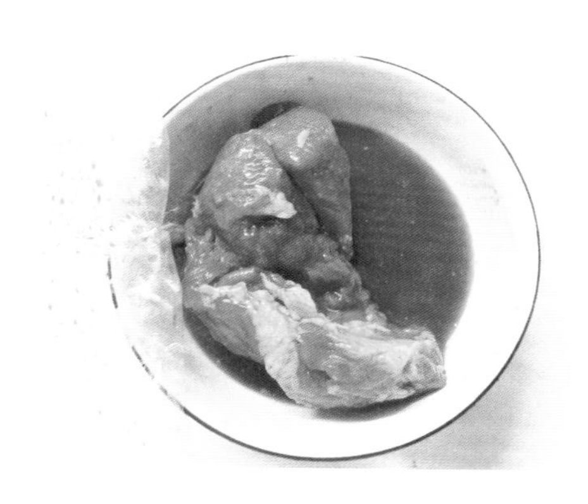

做好吃的蜜汁叉烧，首先得腌肉。把所有的调料混合均匀，淋到切得比手腕略粗的梅花肉条上抓匀，盖上保鲜膜放在冰箱里腌制 2~3 天。中间要翻动几次，因为一般做叉烧的肉都比较厚实，如果腌制时间太短不容易入味。

图上是已经腌过两天的效果，不过我当时腌了两块较大的肉，加起来大概一斤半，所以你用来腌肉的汤汁应该没有这么多。

选用的三种调料都同时有提味和上色的效果，但是出来的效果又有所区别。比如腐乳汁或者传统做法中用来上色的红曲米，会让肉的颜色更深一些，但是蜂蜜能够让肉更有光泽，所以不建议随便减掉某一味调料哟。

腌好的肉直接拿来烤就行，蜜汁叉烧这种听起来蛮唬人的菜式，其实也就是这么两步。烤肉没什么难度，需要控制的地方在于烤制的温度和时间。好看又好吃的叉烧，最好表面略有点焦，但是又不能太过。

把烤箱预热到 220 摄氏度，在烤盘上垫一层锡纸，放上腌好的整条梅花肉。肉放到烤箱中层，上下两面火烤 20 分钟，中间翻一次。这个时候梅花肉表面应该已经有点焦了，把肉取出来再刷上一层蜂蜜，只开上面火再烤 5 分钟，到表面变得微焦且有光泽。

就是这么简单呀，在打算烤肉的前几天先把肉腌好，客人来的时候就能端出足够唬人的菜式咯。不过我建议可以先试做一次，这样咸淡和“入味”能把握得更好。另外每家烤箱的脾气不同，也要注意根据自家烤箱的温度来调整时间。

腊肉蒸玉兰片

原料：

玉兰片、腊肉、干豆豉、香油

原料展开说

- 玉兰片两把
- 腊肉一条，切片后的分量和玉兰片的比例大概是 1:1
- 干豆豉一茶匙
- 辣椒面一茶匙，老抽一汤匙，蚝油半汤匙，清水一汤匙
- 视腊肉的盐分来加盐，大概需要一茶匙盐
- 香油少许

腊肉和玉兰片都是家里可以常备的食材，玉兰片是笋干的一个种类，大多数玉兰片是用冬笋做的，最好能买到笋尖做的玉兰片，会格外嫩。这种耐储存的食材我家常备，随时都能拿出来变一道菜，简直进可攻退可守。看看家里客人有多少，估摸一下他们的饭量，看要不要做这道菜咯。

不过话说回来，吸收了腊肉油脂和香气的玉兰片非常好吃，既香且嫩，比腊肉出彩很多，是很讨人喜欢的。

干豆豉在湘菜、粤菜里面是常见的调味料，和豆瓣酱不一样，它基本上没有咸味，入菜主要是取它的干香味儿。北方超市不太好买到，可以在菜市场找找看。如果网购的话，

关键词可以输入“浏阳豆豉”或“阳江豆豉”。

首先要泡发玉兰片。关于泡发玉兰片这事儿，很多人是用温水来泡。我却习惯用没过食材的凉水提前一晚泡上过夜，虽然比温水泡发的时间要长一些，但是觉得泡出来的干货质地够软，又不会过于软。个人习惯，供你参考。

凉水泡发的办法比较适用于香菇、玉兰片、木耳之类的山珍，不太适用于鲍、参、翅、肚那一类，那个做法又完全不同了。而不同的山珍，泡发时间也不一样，玉兰片会稍微长一些，过夜最稳妥；大部分木耳、香菇之类的食材泡发两小时就差不多了。当然，这些时间都不是绝对的，还是要视食材的具体状态来处理。夏天气温比较高的时候，就最好把泡着的玉兰片放冰箱保存，不然时间长了容易有异味。

然后把腊肉切薄片，泡发玉兰片和切腊肉都可以提前一天完成。如果腊肉比较硬或比较咸，可以放在清水里煮 20 分钟，去掉多余的盐分再来切片。如果腊肉质地比较柔软且味道也不会过咸，直接冲洗一下马上切片是没问题的，我觉得不要煮水这个步骤反而能保留更多的烟熏香气。

我喜欢的腊肉是三分肥七分瘦。老人们都觉得腊肉还是

肥一点好吃，这样肥肉部分炒到透明，和瘦肉、皮一起，薄薄一片就有三种不同的口感。而且肥油可以渗透到搭配的素菜里面，香得不得了。不过我还是遵循“不要吃得太腻，才能吃得更多”的原则，尽量不用太多荤油，可以保持一个好胃口。

泡发的玉兰片打底，先撒少许盐，再码上腊肉片，撒干豆豉、辣椒面，淋上蚝油、老抽和清水，在沸水蒸锅中蒸制20~30分钟。

完全不吃辣的人，辣椒面可以不加，不过干豆豉和辣椒面真是湘菜中蒸菜的标配，那搭配，那干香，那提味的 feel（感觉），妙不可言！如果真的不幸买到一块很咸的腊肉，在煮水之后仍然觉得咸，那么玉兰片的盐就不要加了，充分利用腊肉的咸度就好。

我习惯在蒸制干菜的时候稍微淋一点点水，这是为了让干菜在蒸制过程中有更多“舒展”的可能。蒸的过程中食材吸水，也吸收了调料的味道，成品当然会更入味了。而如果

蒸制的食材是五花肉、腊肉之类比较肥腻的食材，加点水能够让肉片里面的油脂析出来一些，和水分一起有点乳化的感觉，就不会那么容易腻了。总之，请加一点水，没错的。

蒸好之后出锅拌匀就可以吃了，就这么简单。我有时候会再淋一点点香油，让食材更明亮一些，在腊肉偏瘦的时候尤其适合这么处理。

蒸菜，尤其是蒸腊肉、干菜这类食材，有一个好处就是时间长一点也无所谓。在准备其他菜的食材时，完全可以直接把腊肉玉兰片上锅蒸上，然后洗洗切切。

如果有电压力锅的话，推荐使用电压力锅来制作，也可以省下一个明火的灶头。同时做好几个菜的时候，灶头就是资源呀。如果用压力锅来做，做好之后不用着急打开锅盖，把菜留在锅里，也能起到保温的作用，和蜜汁叉烧的烤箱一样。

麻婆豆腐

原料：

石膏豆腐、牛肉馅儿、自制酱料、小葱或青蒜、淀粉

原料展开说

- 石膏豆腐一块
- 肥瘦牛肉馅儿小半碗
- 自制麻婆豆腐的酱料调料：花椒十几二十粒、郫县豆瓣一瓷勺、蒜两三瓣、姜片三四片、普通炒菜用油约三瓷勺
- 盐和鸡精各一茶匙左右，以个人用的调料、豆腐、汤汁多少为准
- 小葱一把，切葱花
- 玉米淀粉或土豆淀粉一汤匙，清水少许，用来勾芡

家宴里的素菜，我经常把它定义成“下饭菜”的角色。素菜一定要有，但不必强求出彩，中规中矩就可以了。当然了，有点小新意也很好，我就用了一个比较不同的办法来做人人都爱的麻婆豆腐。

把制作酱料的调料全部放入一个能打碎硬质食材的料理机里面，打匀它们。

麻婆豆腐的常见做法，都是用热锅热油把郫县豆瓣炒出红油，然后将各种香料往里面放。不是说这个做法不好，事实上只要你用的调料不是特别次，这已经能做出很好吃的麻

婆豆腐了。

而我额外地花时间来处理各种香料，是为了打碎花椒粒，让花椒中的麻味素散发出来。现磨的调料风味当然更浓郁，一般花椒粒或市售成品花椒面都无法替代。同时还可以把郫县豆瓣打碎，避免豆瓣和辣椒片太大而影响成品麻婆豆腐的口感。其实有点追求的川菜馆在做麻婆豆腐的时候，也会把郫县豆瓣细细地切碎。打碎打匀的过程还可以让调味料和油脂混合均匀，并且有点乳化的效果，让调味料和调味料之间、调味料和油脂之间融合得更好。

打匀之后会得到图上这碗酱料，能感受到扑鼻而来的花椒香气。这么一罐子辣椒酱，简直是做各种麻辣风味小炒的利器。可以一次多做一点，放到干净密封的罐子里保存起来。不过这个酱料也千万不要在家宴开始之前才做，那真的有点来不及，起码提前一晚准备好吧。

开始炒制麻婆豆腐，牛肉馅儿先入锅用少许热油炒散，炒到半熟，盛出备用。炒锅洗干净之后重新放一瓷勺油，然后加入两瓷勺酱料（干料和红油都要有），用中小火炒香。

现磨调料的香味，如果不用加热的方式把它逼到极致的话，仍然是一种浪费！

倒入豆腐块、半熟的牛肉馅儿，以及没过豆腐分量的清水，一起用中火焖煮。时间可长可短，我比较偏好稍微煮久

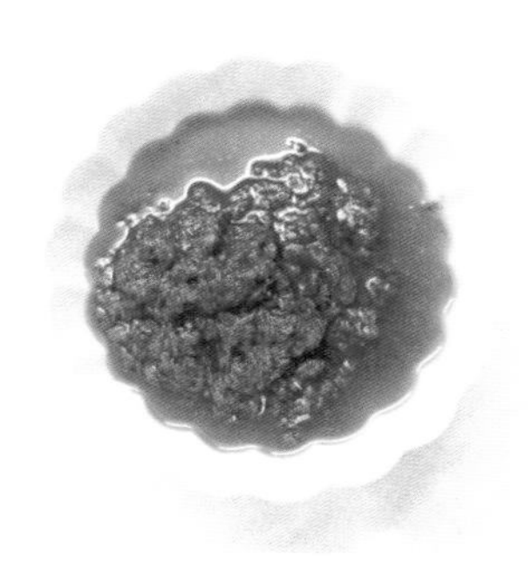

一点，让豆腐更入味，大概会煮到水量只剩一半。中途需要时不时地用硅胶锅铲或木铲推动豆腐来让它入味均匀，不要用铁质锅铲，免得铲太碎没有卖相。

在汤汁收得差不多之后，再加盐和鸡精调味——盐加早了容易放多，这个时候放才比较精准——撒上葱花就可以了。出锅之前还可以勾个薄芡，让汤汁更好地裹覆在豆腐上。其实正经川菜里的麻婆豆腐更喜欢放青蒜末，这个就看你的喜好啦。

如果你追求更辛香麻辣的口感，可以在成品的表面再撒一些花椒面，我就不用啦。

农家青菜糊

原料：

芥菜、老姜、米糊、调料

原料展开说

- 芥菜或芥蓝一斤左右，切成碎末
- 老姜两三片，也切末
- 大米一杯（或者自己家豆浆机的量杯标明的打米糊需要的材料分量）
- 盐和鸡精适量

每次看到全是大鱼大肉的家宴菜单，就会觉得胃口好堵呀。餐桌上的荤菜很重要，荤素搭配也很重要。按我自己的习惯呢，每次都会多做一点素菜少做一点荤菜的，保持更好的胃口才能吃得更香呀。

介绍一道素菜的保留菜式：青菜糊。在很多湘菜馆都能吃到这道菜，菜名大概会叫“农家青菜糊”之类的，我发现很多湘菜馆的特点就是从菜馆名到菜名都很“土”。在餐馆吃饭的时候我还蛮爱点这道菜的，带点米浆的碎末状青菜，有点汤水的感觉，又比一般的汤水更暖胃，喝下去超级舒服。家宴上也一样，需要一些最后能让肠胃感觉熨帖的菜式。

用豆浆机的“米糊”功能，把大米打成米浆，过不过滤都行。如果豆浆机同时有“米糊”和“米粥”两种功能，请选“米糊”。

米糊的浓稠度看下图。

锅里放少许油，爆香姜末，然后把芥菜末略微炒软。再加入米糊煮开之后一直煮到喜欢的浓稠度，加盐和鸡精调味就可以了。米糊本身有类似淀粉的作用，使用方法和勾芡差不多。煮的时候如果太浓了可以加水，太稀了可以大火煮一会儿，新手也不怕出错。

米糊一定要事先准备好，千万不要等到准备做这道菜的时候才开始用豆浆机打。顺便提一句，豆浆机使用完之后最好马上洗干净，不然收拾起来就会很麻烦。

家宴这个概念，说大也大，说小也小。平时过日子，随便做个菜或者两菜一汤都算是家常。周末亲人朋友过来吃饭，总得想想菜式要怎么搭配，做出来的不仅要好吃还得有点卖相，我觉得这也算家宴。嗯，即使是自家人吃饭。

前不久把爸妈接到北京来生活，不过是分开住的。发现这么多年来，爸妈做菜的调味方式好像没怎么改变，倒是我学会了不少新菜。每次爸妈过来的时候我就做几个给他们吃，蜜汁叉烧、泰式蒸鲈鱼之类的菜都让爸妈印象深刻。于是我从一个需要打电话向老妈请教怎么烧肉的人，变成了教爸妈做菜的人，这种感觉还挺不错的——虽然他们也不一定真会去做这些菜。

除了觉得做菜没有新鲜口味，我以前还很容易抱怨爸妈不接受新事物。来北京之后，他们终于学会了怎么用智能手机、用微信、玩朋友圈和发小视频。出门在外的时候把小狗放到爸妈那边让他们帮忙带，一天能给我发上十几个小视频。于是慢慢觉得，让爸妈有一种“哎呀还可以这么玩儿”的感觉，也挺不错的。希望爸爸妈妈和我自己，都能一直对这个世界保持一颗好奇心。

小黄鱼小馄饨

原料：

小黄鱼、小馄饨、猪油、鸡汤

原料展开说

- 小黄鱼四条左右
- 荠菜小馄饨大概十五个，要用小馄饨不要用大馄饨
- 猪油大概两汤匙
- 鸡骨熬的清鸡汤一碗（做法参考《嘲一碗“fúlán”米粉》，也可以用平时煲的鸡汤匀出一碗来，但是汤里最好没有其他味道太突出的材料
- 姜丝少许，蒜片少许
- 盐少许，葱花少许

一桌菜的口味搭配上，要有或香辣或麻辣或酸辣这样重口味的菜来开胃下饭，也要有一些不辣、鲜美风格的菜，一来是照顾口味清淡或者不吃辣的人，二来也是一个调剂。

小黄鱼煮小馄饨是我蛮爱做的一道菜，鱼肉是蒜瓣状的，猪油煎过的黄鱼和鸡骨汤底熬出来的鱼汤浓郁又鲜美。汤里的小馄饨是荠菜肉馅儿的，不腻，有野菜的香味，在浓郁的汤底里面吸足了味儿又保留了自己的一份清新爽口。两种鲜美的食材放在一起，吃着真是又美味又舒心。

小馄饨也可以用其他馅料的。但是因为菜式本身已经比较荤了，所以菜肉馅儿的馄饨可能会更搭一点，荤素搭配绝

对是宴客菜的第一要义。

小黄鱼清理干净之后用厨房纸巾尽可能地擦干表面水分，撒少许盐，腌15分钟左右。不要小看腌鱼这个步骤，少许盐分能让鱼肉适当失水，可以更好地形成“蒜瓣肉”的口感。湖南有一种鱼肉的做法叫作“刨盐鱼”，就是用大量的盐把最常见、最普通、肉质完全谈不上出色的草鱼腌制几个小时，冲洗干净后红烧，做出来的鱼肉质地可以向本身肉质就非常鲜美的鲈鱼、鳜鱼等靠近很多。

煎锅里加两汤匙猪油，烧到略微冒烟，把小黄鱼入锅煎到两面金黄。

煎鱼怎么样才能不破皮？就两点：油温要高，不要着急给鱼翻身，其他什么姜片擦锅底之类的都是浮云。油温够高、鱼皮表面干爽一点，鱼入锅之后转小火，每一面煎 3~4 分钟，直到表皮定型之后再翻面煎过，这样才能让鱼皮的卖相更好。

翻面之后再煎，看下图这酥脆的表皮。这跟是不是不粘锅也没啥关系，我用普通生铁炒锅也可以煎出这个效果。

煎好的小黄鱼轻轻拨到一边，利用锅底的余油略微爆香姜丝和蒜片。然后加入已经烧热的鸡汤，大火煮开之后转小火慢熬大概 15 分钟。一般煮鱼汤的时候，加入的汤底分量没过

鱼肉就差不多了，但是考虑到这个菜里还要加小馄饨，所以汤底要尽可能多加一些，我加了没过鱼肉再多半截食指的汤底。

煮小黄鱼的时候，另外起一个大锅烧开水，准备煮馄饨。煮馄饨的锅要大，水要宽。不管是煮米粉还是面食，我都习惯用家里最大的锅和尽量多一点的水来煮，煮沸水再下锅。听起来好像有点浪费资源，但这么做出来的米粉和面条的口感会更好一些，也会减少一些米面煮到汤里的浑浊面汤味儿。煮馄饨或饺子的时候点三次凉水这不用多说了，可以避免皮破了馅儿还没熟。另外我把馄饨煮好了之后稍微过了一下凉水，然后尽可能地甩干。算是借鉴北方做炸酱面的方法，避免面汤味儿进入最后的成品菜肴里。

小黄鱼煮得差不多了之后把馄饨放进去，用少许盐调味，撒点葱花就好。

你可能注意到我煎鱼用的是猪油，如果为了健康考虑，用普通食用油可以不可以呢？当然没问题啦。不过荤油煎过的鱼，再加热汤来煮，最后的鱼汤看起来会更浓厚一些。毕竟所谓的白汤，就是一个油脂乳化的过程嘛。

西式宴客菜单

这些年周围的很多朋友都爱上了西餐，不过因为和从小吃到大的中餐不同，许多人刚做西餐都有点无从下手的感觉，毕竟不熟悉嘛，更别提操办一桌菜了。我特地选了一些有新意又好操作的菜式，设计了这份仍然是适合 5~6 个人的西式宴客菜单。

前菜：土豆泥、墨西哥脆饼配柠香三文鱼、金色秋日沙拉

主菜：四十瓣大蒜烤鸡、咖啡杏仁炖羊膝

甜品：香草煎水果

土豆泥

原料：

土豆、无盐黄油、全脂牛奶

原料展开说

- 土豆
- 无盐黄油，分量是土豆重量的 1/4
- 全脂牛奶，每 500 克土豆用 120~180 克牛奶。我觉得这个分量没有那么严格，如果太湿的话多煮一会儿就好了
- 盐

有个故事是这样的：知名美食家安东尼·波登（Anthony Bourdain）有一次去巴黎拍摄美食节目，邀请了埃里克·佩尔（Eric Ripert）做向导。埃里克·佩尔也是世界顶级厨师之一，师从若埃尔·罗比雄（Joël Robuchon）。此时恰好罗比雄也在巴黎，于是邀请他们俩去若埃尔·罗比雄的餐厅（L'Atelier de Joël Robuchon）吃饭。吃完饭闲聊的时候，安东尼·波登问了若埃尔一个问题："如果你知道下一顿就是自己的最后一餐，你会想要吃什么？"若埃尔毫不犹豫地说："我已经是个老人了，给我一碗土豆泥就很满足了。"

为你的家宴增加一点谈资，用一道米其林三星做法的土豆泥来开启今天的家宴吧。这个做法就是来自罗比雄，是他旗下餐厅的招牌菜之一。

我们在讨论做土豆泥用到的土豆时，经常会有个误区，就是要选“面”一点的土豆。其实不然，应该选口感脆一点的土豆才对，因为这种土豆在搅拌或者过筛很多次后会变得顺滑，过筛这个让手臂几乎半残的过程可以在土豆泥中搅入很多空气。尤其在加入大量黄油或牛奶的前提下，成品土豆

泥会变得柔滑又轻盈，有足够的奶香味，但是丝毫不会觉得腻。罗比雄推荐使用Ratte（义：老鼠）土豆。据说这种形状神似老鼠的土豆质地顺滑，有果仁般的风味，吃起来有栗子和榛子的味道。可惜国内没有这个品种。

先把土豆煮软：直接带皮放入加了盐的水里煮熟，要煮到筷子可以轻易戳透的程度。

煮熟的土豆去皮之后略微捣碎，放在锅里小火加热，略焙干水分。然后加入切成小块的黄油，用捣土豆泥的工具或者铁勺反复碾压至黄油完全融化。黄油的分量不要减，因为这直接影响土豆泥成品的口感和风味。

最后的感觉应该是土豆泥可以整个提起来。

倒入牛奶，仍然保持小火，慢慢把土豆泥煮到自己喜欢的黏稠度。如果觉得口味太淡的话，可以在这一步里面再加点盐来调味。但是不要加太早，否则水分煮干之后容易觉得咸。

然后过筛，这是整个土豆泥制作过程中最重要的一步。做出最顺滑土豆泥的关键就是——过筛三次，请不要偷懒。

我用了一只筛面粉的大筛子，把土豆泥码在上面之后用比较硬质的刮板反复碾压。注意这个动作是要用力把土豆泥往下压，通过筛网的孔，而不是在筛网上面翻拌（又不是炒菜）。

至于为什么是三次？两次行不行？不过筛行不行？我拍了三次过筛后的土豆泥状态，可以很明显地看出细腻程度的不同。

第一次：

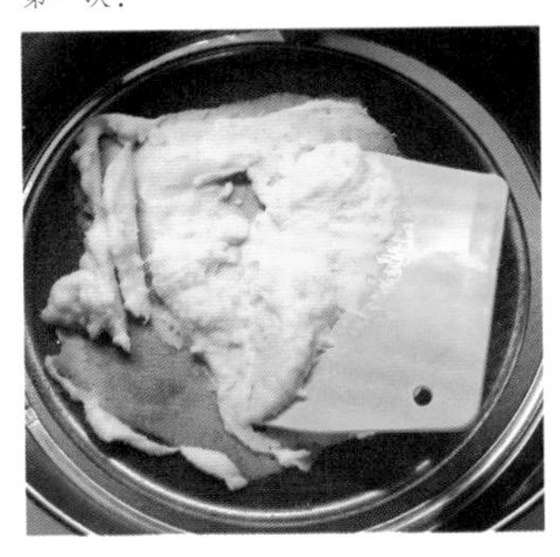

第二次：

第三次：

明显一次比一次细腻，所以请心甘情愿地去筛土豆泥好吗？不过说真的，土豆泥过筛比较费时间，建议提前做。不然可能吃饭时间都过了，你还在筛土豆泥。

做好的土豆泥当然可以整碗端上来，也可以稍微改造一下变成出彩的小前菜，比如下面这样。

墨西哥脆饼配柠香三文鱼

原料：

墨西哥饼、橄榄油、三文鱼、柠檬

原料展开说

- 墨西哥饼一块（就是肯德基墨西哥卷饼那种）
- 橄榄油少许
- 刺身级别的三文鱼约200克
- 黑胡椒、海盐各少许，最好是现磨的
- 柠檬一个，基本上200克三文鱼我用了半个柠檬，你根据自己的口味适量增减就好

这是一道具备了所有适合宴客特质的小前菜：好做，宴客嘛，如果菜式太费事只会累垮主人；好吃，味道简单容易接受，口感讨人喜欢；吃起来也不狼狈，一口两口就吃完一份，女生们都不需要担心会张大嘴没有仪态或者弄花精致的唇妆。

把墨西哥饼皮撕成小片，薄薄地刷上一层橄榄油。烤盘里可以垫一层油纸或烘焙纸，比较方便。

把它们放入预热200摄氏度的烤箱里面，烤10分钟，不需要翻面。但是如果你的烤箱温度不准，可以适量降低温度延长时间，成品会非常香脆，只是注意不要烤煳。

墨西哥饼可以提前几个小时烤好备用，但是不要提前太久，不然容易受潮变得不香脆。

烤饼皮的时候来做三文鱼，也很简单，把刺身级别的三文鱼切成小丁。注意砧板要干净，平时最好用生熟分开的砧板。撒少许海盐、黑胡椒，挤上柠檬汁，拌匀。

然后把三文鱼丁码在烤好的脆饼上面就可以了。

我会再擦一些柠檬皮屑在上面，还会装饰一些法香、罗勒或莳萝之类的香草，增加香气，又能提升视觉效果。对啦，一个柠檬先擦出皮屑再来挤柠檬汁，比较不浪费。

金色秋日沙拉

原料：

根茎蔬菜、彩椒、藜麦、坚果碎、酱料

原料展开说

- 老南瓜一块
- 红薯一个
- 胡萝卜一根
- 黄色或红色的彩椒一个
- 藜麦一把，也可以换成其他比较方便购买、方便煮熟的粗粮，比如大麦仁之类的
- 烘焙用的原味开心果碎一把，南瓜子一把
- 香菜一小把
- 盐一大勺
- 酱料原料
    - 第戎芥末酱（Dijon Mustard）两大勺
    - 特级初榨橄榄油两平勺
    - 柠檬汁或白葡萄酒醋一勺
    - 第戎芥末、橄榄油、柠檬汁的比例大概是 3:2:1，可以根据自己的口味调整，不需要太严格
    - 海盐和黑胡椒适量，根据食材的多少酌情放就可以了

西式家宴，沙拉当然是必备的。但是如果弄什么生菜沙拉、土豆沙拉就没太大意思了，我喜欢颜值高而且有点新意的沙拉，可以成为提升餐桌平均颜值的一道菜。所以设计了这道好似金色暖阳的沙拉，用到了各种黄色和橙色的食材。搭配出来的风味很不错，既能吃出蔬菜本身的甜味，也没有

乱七八糟的沙拉酱来糊住舌头。

所有的菜式，都需要先处理比较难熟的食材。在这道沙拉里面，主要是把南瓜、红薯、胡萝卜给煮熟。食材切成大块之后和冷水一起入锅，开大火煮沸之后转小火，煮到筷子能够轻易戳透的程度就可以了，需要 15~20 分钟。煮的时候水里放一大勺盐，稍微让食材入味。我习惯在煮之前不给南瓜红薯去皮，免得煮太烂完全没有形状。在煮熟之后切成均匀的小块，再把皮剥掉。

彩椒去蒂去籽，切成宽片，在平底锅里煎熟。也可以用条纹铸铁煎锅，能煎出一些好看的纹路。

烧开一锅水，把冲洗后的藜麦放到水里，照自己喜欢的软硬程度煮熟，我一般煮 15 分钟左右。然后捞出来尽量沥干水备用。根茎类蔬菜、彩椒、藜麦，都可以提前一两个小时准备好，甚至提前一晚做好放冰箱冷藏都可以。

等煎锅烧热之后关小火，放入切碎的坚果，用小火烘到有点金黄的感觉就可以了。注意烘坚果的时候要不时地翻动，免得果仁被烧煳。坚果建议还是用烘的办法，会比较脆。

把酱料部分的所有原料放到料理机或者搅拌器里面，打到完全均匀乳化的状态。我是用手持料理棒打的，如果你什么工具都没有的话，可以试试普通的打蛋器，不过要稍微耐心一点打久一点。起码要让第戎芥末和橄榄油有一个乳化的效果，稍微有一点点分离也没关系。

把蔬菜、藜麦、洗净切碎的香菜一层一层撒在碟子里，最后淋上酱汁就可以了。

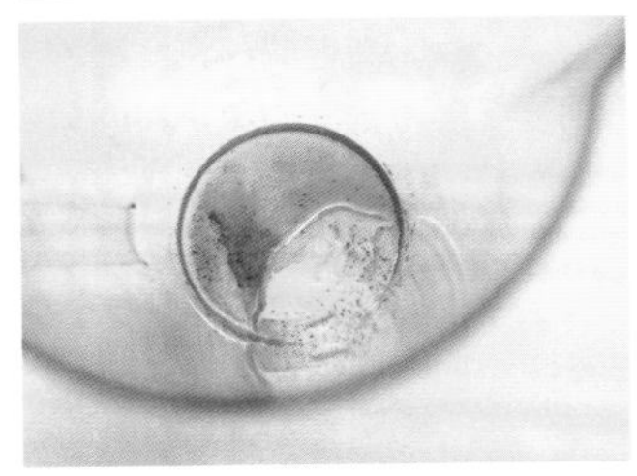

四十瓣大蒜烤鸡

原料：

鸡排、鸡翅中、大蒜、西芹、苦艾酒

原料展开说

- 我用了四块鸡排、六个翅中，你可以选差不多分量的鸡肉块或半只鸡
- 大蒜四头，剥出蒜瓣备用
- 西芹一根，撕去老筋之后切段
- 洋葱一个切片
- 欧芹一小把，其他西式香料如莳萝少许，选自己方便买到的就好
- 盐少许、黑胡椒大量、肉豆蔻一整颗磨粉
- 苦艾酒半杯（不好买，所以我用的白葡萄酒加八角桂皮来代替，有条件的还是推荐用原配方的苦艾酒）

这是一道美式家常烤箱菜——西式家宴里，烤箱菜可真不能少——食材和做法都很寻常，可是那个蒜香就是能吊客人半个多小时的胃口呀，吃下去五官都满足了。

长时间烤制到软烂的蒜头，蒜臭都变成了蒜香，加上打底的香味蔬菜、皮脆但肉质多汁的鸡肉，即使是作为年节大菜也完全胜任。日常吃一吃的话，备上足量的硬质欧包，擦盘子蘸蒜泥，满满蒜香的汤汁一点都不会浪费。当然咯，不必真的细数这锅鸡肉里面有多少瓣蒜头，理解为蒜香烤鸡就好。

长时间烤过的蒜头有一种“犯规”的香气，相信闻到味道的客人们都会喜欢的。上桌的时候可以搭配一些面包，就是家宴上的一道主菜 + 主食。烤箱菜宁愿早做不要晚做哦！做完之后可以放在烤箱里不拿出来，利用烤箱的密封性来保温。

传统的四十瓣大蒜烤鸡的做法是用整鸡，因为我自己更偏好鸡翅、鸡腿的口感，而且想缩短烤制时间，所以参考詹姆斯·比尔德（James Beard）的做法，选用了鸡翅中和鸡排的组合。

另外传统做法中，大蒜是连皮入锅的，我自己希望成品的大蒜不需要剥皮而接近于蒜泥，所以预先把大蒜处理好了。如果能够接受在吃的时候稍微麻烦一点剥蒜和吮吸大蒜表皮的汁水，连皮烤也很值得推荐，会更香。

在入烤箱的容器底部均匀地铺上一层西芹段、洋葱片和蒜头的混合物，我用的是 LC（Le Creuset，酷彩，法国厨具品牌）的铸铁锅（型号是 Braisers），直接用各种烤盘装也是可以的。不过这种密封性良好的铸铁锅，是厨房必备的利器之一，烹饪的时候不需要放多少水，就能够最大限度地逼出食材的原味。

烤箱预热 180 摄氏度备用，同时在煎锅里面把鸡肉煎到两面焦黄，鸡皮要煎到比较干爽的状态，然后铺在蔬菜的上面。

撒上现磨的肉豆蔻粉、黑胡椒粉和少许盐，淋上酒，盖上锅盖，180 摄氏度烤一个小时。如果是用没盖子的烤盘，可以用锡纸尽量紧实地包裹起来。如果烤的是整鸡，烤制时间需要适当延长，总体来说时间还是要根据自家烤箱的温度和脾气来确定。

半个小时后，你的屋子里应该已经满是蒜香。等足一个小时，揭开锅盖，还要再烤上 20 分钟，这才能上桌。

除了直接被热油煎到焦香的鸡皮之外，其他包括鸡肉在内的所有食材都相当多汁。汁水是很够味的，因为蒜香味都渗透到肉里、菜里和汤汁里了呀。

咖啡杏仁炖羊膝

原料：

羊膝、黑咖啡、大杏仁

原料展开说

- 羊膝两块，剁成大块（如果羊膝不好买，可以用羊腿或羊排来代替）
- 现泡的黑咖啡一杯，用任意品牌的速溶黑咖啡粉冲泡就可以
- 和泡好的咖啡等量的清水
- 美国大杏仁碎三汤匙左右，香芹籽两汤匙左右，小茴香两汤匙左右
- 番茄一个，去皮切小块备用
- 洋葱一个，切细丝备用
- 盐适量

软烂香浓的炖羊膝，除了红酒、黑椒这样常见的做法，还能有什么特别的搭配？尝试用烘过的大杏仁碎加上黑咖啡来炖羊膝，成品的口感和香气都让人很满意。有淡淡的咖啡香味，微苦又醇香。大杏仁本身就和咖啡很搭，尤其是轻微烘过的杏仁，可以进一步提升咖啡的醇厚感。

这是一道非常出彩的宴客主菜，味道好又有新意。咖啡入菜？一听就很吸引人呀。

煎锅烧热之后转小火，把大杏仁碎、香芹籽和小茴香放入，慢慢烘出香味。注意要小火勤翻，否则容易煳。

羊膝洗净之后用厨房纸巾擦干，加入适量橄榄油煎到两面焦香。

然后利用煎羊膝之后锅里剩余的油，把洋葱丝炒到透明，有一点点焦的状态更好。再把羊膝、炒香的香料、洋葱、去皮后切成小块的番茄、泡好的咖啡和水一起放入铸铁锅中炖煮两个小时左右，直到羊膝肉变得软烂，略收汁之后加盐调味就可以了。我用的是铸铁锅，水分流失比较少，如果用普通汤锅的话，可能需要适当增加水量。

成品软烂香浓，香味富有层次感，会忍不住一直吮吸羊骨和羊肉上的汤汁。

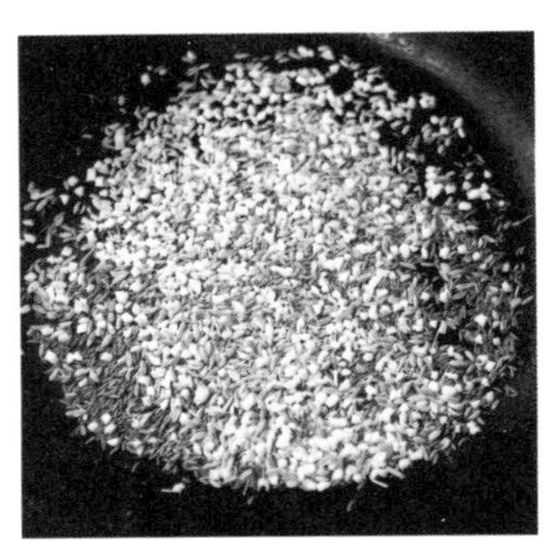

香草煎水果

原料：

水果、香草荚、枫糖浆

原料展开说

- 选各种你喜欢的水果，要熟透了的
- 一汤匙枫糖浆或蜂蜜
- 一汤匙橄榄油
- 一根香草荚剖开备用，或直接来几滴香草精
- 两三根百里香

强烈建议西式家宴以一道甜品来结尾，当然，你可以直接买市售的冰激凌来充当这个角色，或者各种自制点心也不错。但如果还想来点特别的，那么我推荐香草煎水果。把各种樱桃、油桃、草莓、芒果等水果切开之后，多加一道煎煮的工序，裹上了一层薄薄的香草蜜糖，是更甜蜜又刺激味蕾的风味。

我用到了一只直径大约20厘米的煎锅和三个油桃、五六颗樱桃和五六颗草莓，你也可以选择其他喜欢或者好买的水果，水分适中的种类会比较合适。各种浆果尤其适合做这道菜，不仅颜色漂亮，水分和甜度也刚好。但如果是质地比较脆弱的水果，比如树莓之类的，最好稍微晚一点入锅。香蕉、牛油果之类的，我觉得质地太厚重，可能不太适合。

把所有的水果洗净，动作要轻。对半剖开或者切成差不多的大小，有核的去核，能带皮吃的尽量不去皮。

比较关键的一步是熬个浓稠的糖浆。把橄榄油、枫糖浆、剖开的香草荚或香草精、百里香一起入锅，中小火熬到图片的质地。标准是：糖浆颜色变深，质地也变得浓稠。

熬糖浆的时候，火不要大，煎锅可以时不时离火来控制温度。糖浆容易煳，这个菜也不需要焦糖。香草荚剖开之后只把香草颗粒刮出来用也是可以的，我有点偷懒，而且觉得整根的香草荚最后盛盘能起到装饰作用。剖开的香草荚在煮的时候是会把香草颗粒煮出来一部分的，不过没有关系。香草荚和百里香的搭配并不是固定的，你也可以用薄荷，总之选味道不要特别浓重的香料应该都不错。

糖浆熬煮到位之后，把水果倒入煎锅，晃动锅子让糖浆

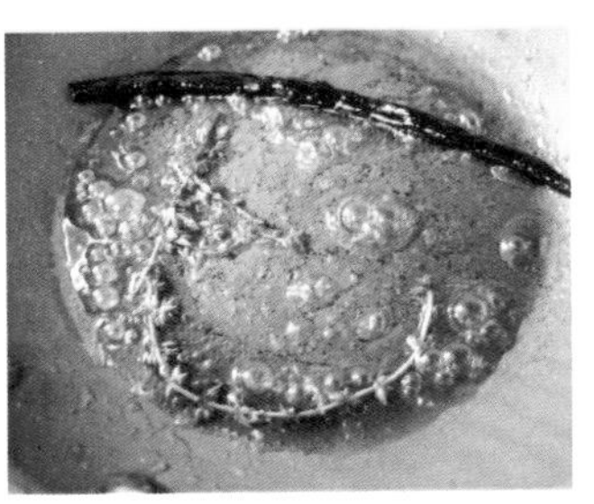

均匀地裹在水果上。这个时间很短，30 秒到 1 分钟就好。不是要熬果酱，只要裹上糖浆就好了呀。而且时间太长的话，一来流失太多维声素 C，二来水果太烂口感也不好。

也可以去掉香草荚，捋一点百里香叶子撒在表面装饰一下再上桌，我做的是油桃 + 樱桃 + 芒果版。

总体说来，水果甜软但是不过头，而且味道清新又新奇，色彩也很美，端上餐桌讨喜又讨巧。在张罗家宴的时候，如果有把握、有时间做这道菜的话，几分钟就能做好。但是如果没时间或者已经手忙脚乱了，那就把洗好的水果直接端上桌吧！

后记

第一次把这本书稿交给编辑千阳和镜子的时候，直接给拍回来了：“全都列着一、二、三，这种条条框框的菜谱书，只是工具，没有生活的质感。”于是我又花了两个月时间几乎重写了一遍，从刚刚签约写书的兴奋里冷静下来，这一次试图呈现更多关于食物的回忆和对待生活的态度，这也正是我想要表达的。

平时还需要正常上班，只能每天早起晚归，回来之后写个两段。去年秋冬北京天气不好，有时候八点多写完准备出门的时候天还是暗的，雾霾特厉害。经常被问：“为什么可以一直坚持写公众号将近两年？”只是想把一些有用或者有趣的东西传达给更多的人而已呀。当看到公众号后台有人留言说因为我的文字变得爱下厨或者更热爱生活的时候，这个成就感是无法用金钱来衡量的。

这是我第一次把自己的生活方式印成文字，请多多指教。

田螺姑娘家的小狗——胡椒

图书在版编目（CIP）数据

独立日：日出之食 / 陈宇慧 @ 田螺姑娘著 . — 北京：
生活书店出版有限公司，2016.6
ISBN 978-7-80768-145-8

Ⅰ.①独… Ⅱ.①陈… Ⅲ.①饮食–文化–中国
Ⅳ.①TS971

中国版本图书馆 CIP 数据核字 (2016) 第 103741 号

策划人 邝芮
责任编辑 邝芮 镜子
封面设计 罗洪
责任印制 常宁强

出版发行 生活書店出版有限公司
（北京市东城区美术馆东街22号）
邮编 100010
经销 新华书店
印刷 北京顶佳世纪印刷有限公司
版次 2016年6月北京第1版
开本 787毫米×1092毫米 1/32 印张9
字数 120千字 图183幅
印数 0,001—25,000册
定价 48.00元
（印装查询：010-64059389；邮购查询：010-84010542）